Grüne Geldanlagen

Stephan Rotthaus

Grüne GELDANLAGEN

Ökologisch und ethisch bewusst investieren

Alle Anlageformen im Überblick

FALKEN

Dieses Buch wurde auf chlorfrei gebleichtem und säurefreiem Papier gedruckt.

Der Text dieses Buches entspricht den Regeln der neuen deutschen Rechtschreibung.

Verlag und Autor danken allen Firmen, Vereinen und Fotografen, die Fotomaterial zur Verfügung gestellt haben und hier auf eine ausdrückliche Nennung verzichten.

ISBN 3 8068 2772 9

Umschlaggestaltung: Nikolai Krasomil, Wiesbaden
Herstellung: Tatjana Spira
Redaktion: Rainer Lorenz
Koordination: Sylvia Winnewisser
Fotos: Darchinger: S. 57; Jens Dietrich/Netzhaut: S. 12; York Ditfurth: S. 127; Janosch film & medien AG: S. 98; Dirk Johnen, Heimstatt Tschernobyl: S. 61; WWF: S. 120

Satz: Filmsatz Schröter GmbH, München
Druck: Ludwig Auer GmbH, Donauwörth

817 2635 4453 6271

INHALT

WARUM KAUFT BILL GATES SOLARAKTIEN?

Grußwort von Dr. Franz Alt

Die Nachricht hat überrascht: Bill Gates hat schon vor über einem Jahr in Deutschland Solaraktien gekauft. Und jetzt ist er in den USA bei Windaktien eingestiegen. Insgesamt wohl mit 100 Millionen Dollar. Warum wohl?

Der zweitreichste Mann der Welt hat schon vor 30 Jahren in der berühmten Garage einen guten Riecher für künftige Entwicklungen gehabt. Sein ökonomischer Instinkt hat ihn offensichtlich nicht verlassen. Immer mehr Menschen – auch solche mit etwas weniger Geld als Bill Gates – merken, wohin die Energiereise geht. Das Öl- und Atomzeitalter geht zu Ende – die unendlichen und umweltfreundlichen Energiequellen Sonne, Wind und Biomasse sind im Kommen. Das Solarzeitalter ist heute keine Utopie mehr, sondern eine realisierbare Vision.

Deshalb boomen nicht nur die Solar- und Windbranche – sondern auch deren Aktien. Eine Umfrage hat in Deutschland folgende Akzeptanzwerte für die verschiedenen Energiequellen ergeben:

Sonnenenergie	92 Prozent
Wasserkraft	84 Prozent
Windenergie	80 Prozent
Gas	47 Prozent
Öl	18 Prozent
Kohle	16 Prozent
Kernenergie	12 Prozent

Schon ein kurzer Blick auf diese Zahlen macht deutlich, wohin die Reise geht und wem die Zukunft gehört.

Die 100-prozentige Ablösung des alten Energiemix aus Kohle, Öl, Gas und Atom durch Sonne, Wind, Wasser, Biomasse, Erdwärme und Wellenenergie kann und wird in den nächsten Jahrzehnten gelingen. Dies ist die humanste Vision für ein gutes 21. Jahrhundert. Nur mit erneuerbaren Energien kann das Klima gerettet werden. Nur mit erneuerbaren Energien können sich die armen Länder ökonomisch entwickeln. Das heißt: Über erneuerbare Energien im großen Stil ist es möglich mitzuhelfen, dass auf unserer Erde kein Kind mehr verhungern muss.

Ich wünsche Ihnen viel Freude und Erfolg, wenn Sie mit Ihrem Geld, also mit Ihrer Energie, an der Realisierung dieser Vision mitarbeiten. Es geht um die wichtigste Revolution im 21. Jahrhundert. Wir können jetzt die Weichen für eine bessere Welt stellen.

Mit sonnigsten Grüßen

Ihr Franz Alt

www.sonnenseite.com

VON HEIMLICHEN STIMMZETTELN UND SCHWARZEN KÄSTEN

Vorwort von Stephan Rotthaus

Gewählt wird nicht nur alle vier oder fünf Jahre. Jeden *Tag* stimmen wir mehrfach darüber ab, wie unsere Wirtschaft aussieht. Wer was wie produziert. Wir entscheiden über den Anteil des ökologischen Landbaus, über den Umfang des Flugverkehrs, über die Art der Energieerzeugung, über Umweltveränderungen und Arbeitsbedingungen. Jeder Zehner, der unser Portemonnaie verlässt: ein Stimmzettel. Jede Ladenkasse: eine Wahlurne.

Am Bankschalter ist das nicht anders: Jede Einzahlung auf das Sparkonto, jede Anlageentscheidung hat ihre Wirkung. Und die so mächtigen Banken? Die großen Brokerhäuser, Versicherungs- und Investmentfondsgesellschaften? Sie sind – nicht nur, aber vor allem – Erfüllungsgehilfen fremden Willens. Letztlich trägt jeder Geldschein in den Tresoren der Geldinstitute – und seien sie noch so virtuell – einen mehr oder weniger bewusst erteilten Kundenauftrag, eine (meist verborgene) Botschaft.

Welche Botschaft steht auf Ihren Geldscheinen? Sie werden erstaunt sein, wie viel man mit relativ wenig Geld bewegen kann. Die grünen Finanzdienstleister in Deutschland, Österreich und der Schweiz verfügen über nicht viel mehr als ein Promille des privaten Geldvermögens. Und doch wäre ohne sie der Boom der regenerativen Energien, die bevorstehende Wende zum ökologischen Landbau oder auch die Entwicklung eines freien Schulwesens nicht denkbar gewesen. Mit wenig viel erreichen – eine fast homöopathische Wirkung.

Und die konventionellen Banken? Sie lassen sich weiterhin nicht in die Karten schauen. Wo die alternativen Banken ihren Anlegern detailliert Rechenschaft ablegen, wofür das anvertraute Geld eingesetzt wird, hüllen sich die Großen in Schweigen. Auch wenn die ersten Schweizer Finanzkonzerne beginnen, grüne Investmentfonds aufzulegen, bleiben die Banken doch eine „black box“ – ein schwarzer Kasten, in den man sein Geld hineinsteckt, ohne zu wissen, was damit geschieht und woher die Erträge kommen.

Um so erfreulicher ist, dass der grüne Kapitalmarkt boomt. Immer mehr Anleger wollen beeinflussen, was mit ihrem Geld geschieht. Innerhalb von zwei Jahren hat sich der Mittelzufluss in grüne Geldanlagen von 500 Millionen auf zwei Milliarden Euro pro Jahr vervierfacht. Wenn dieses Buch dazu beiträgt, dass sich der Trend fortsetzt, hat es seinen Zweck erfüllt.

Stephan Rotthaus

Unter www.gruene-geldanlagen.de finden Sie weitere Informationen zu Angeboten des grünen Kapitalmarktes. Der Autor freut sich über Fragen und Anregungen zum Buch: kontakt@gruene-geldanlagen.de

DIE ZEHN WICHTIGSTEN FRAGEN UND ANTWORTEN ZU GRÜNEN GELDANLAGEN

1. Lohnen sich grüne Geldanlagen?

Ja. Grüne Geldanlagen bieten Ihnen sogar einen doppelten Nutzen. Erstens einen direkten finanziellen Ertrag in Form von Zinsen, Ausschüttungen oder Kurssteigerungen. Zweitens tragen grüne Geldanlagen zur ökologischen und sozialen Umorientierung der Wirtschaft bei.

Für den einen Anleger steht der finanzielle Ertrag mehr im Vordergrund, bei dem anderen Anleger, dass er mit seiner Anlageentscheidung gesellschaftlich vieles bewirken kann.

2. Was kann ich mit meiner Geldanlage bewirken?

Ohne ökologisch engagierte Geldgeber und Anleger stünden weder die ökologische Landwirtschaft noch die regenerativen Energien da, wo sie heute stehen. Neben Direktbeteiligungen haben vor allem die grünen Banken eine enorme Wirkung erzielt. Allein die GLS Gemeinschaftsbank eG, die älteste ethisch-ökologische Bank in Europa, hat mehreren tausend ökologischen und sozialen Projekten auf die Beine geholfen. Wenn Sie dieses Buch durchblättern, finden Sie viele Beispiele dafür, was grüne Geldanlagen schon bewirkt haben.

3. Wie viel von meinem investierten Geld kommt bei den zu fördernden Projekten an?

Das ist je nach Form der Geldanlage unterschiedlich. Banken müssen einen Teil ihrer Einlagen als Liquiditätsreserve im Bankensystem parken. Bei Beteiligungsfonds und Neuemissionen von Aktien kommt das investierte Geld (nach Abzug der Vertriebskosten) den jeweiligen Unternehmungen voll zugute. Ganz anders dagegen, wenn Sie an der Börse bereits in Umlauf befindliche Aktien kaufen: Hier fließt Ihr Anlagebetrag an den

Vorbesitzer der Aktie und nicht an das jeweilige Unternehmen. Die direkte Finanzierungswirkung ist also gleich null.

4. Muss ich auf Rendite verzichten?

Das Vorurteil, dass grüne Geldanlagen generell nicht rentabel seien, trifft nicht zu. Windkraftfonds beispielsweise bieten attraktive Renditen. Auch viele grüne Aktien und Investmentfonds haben gerade in der Börsenflaute 2000/2001 ihren Besitzern erhebliche Kursgewinne beschert. Abgesehen von solchen Spekulationsgewinnen gilt aber: Was die Anleger an Erträgen kassieren, müssen die geförderten Unternehmen zahlen. Die eher moderat verzinsten Angebote der grünen Banken haben deshalb neben der höheren Sicherheit den Vorteil, dass der Zinsvorteil in Form von Förderkrediten an die Projekte weitergegeben werden kann.

5. Was ist von besonders hohen Renditen zu halten?

Bei allen Geldanlagen gilt: Niemand hat etwas zu verschenken. Wer also seinen Anlegern besonders hohe Renditen verspricht, hat seine Gründe dafür. In der Regel handelt es sich um den Ausgleich für ein höheres (nicht selten verstecktes) Risiko. Bei allen Angeboten, die mehr als 8 bis 10 Prozent Rendite pro Jahr versprechen, sollten Sie besonders vorsichtig sein. In diesem Buch finden Sie eine Reihe von Hinweisen, anhand derer Sie die Seriosität von Anbietern überprüfen können.

6. Kann ich mit grünen Geldanlagen Steuern sparen?

Ab Seite 71 finden Sie Hinweise, wie Sie sich Zinsen, Fondsausschüttungen und Kursgewinne steuerfrei gutschreiben lassen können. In bestimmten Lebenslagen (und nur in diesen!) können Sie Ihre Steuerlast außerdem durch Verlustzuschreibungen zum Beispiel aus Windkraftfonds mindern. Bevor Sie Ihre Geldanlagen steuerlich optimieren, sollten Sie aber das Kapitel „Die maßgeschneiderte Geldanlage“ ab Seite 65 lesen.

7. Soll ich mit meinem ganzen Geld einsteigen?

Die grüne Angebotspalette ist fast komplett: Sparkonten und -briefe, Festgelder, Lebensversicherungen, Aktien, festverzinsliche Wertpiere, Beteiligungsfonds, Stiftungsverwaltung. Wenn Sie eine ausreichende Risikostreuung beachten (siehe Seite 67), ist nichts dagegen einzuwenden, Ihr ganzes Vermögen im grünen Bereich zu investieren.

8. Wie kann ich mich angesichts der vielen Angebote zurechtfinden?

Inzwischen gibt es mehrere hundert Finanzdienstleister, die sich im grünen Kapitalmarkt tummeln. Um Ihnen die Orientierung zu erleichtern, haben wir in diesem Ratgeber die 50 wichtigsten Anbieter ausgewählt. Ab Seite 39 stellen wir Ihnen zwei weitere Orientierungshilfen vor: Einprägsame Symbole kennzeichnen das Risiko (ein bis drei Blitze) und die Wirkung (ein bis drei Bäumchen) der einzelnen Anlageformen. Zu allen Anbietern finden Sie Telefonnummern und Internet-Adressen. Wenn Sie sich anbieterunabhängig informieren wollen, lesen Sie bitte Seite 47.

9. Wem kann man vertrauen, wie kann man schwarze Schafe erkennen?

Der Boom des grünen Kapitalmarktes lockt auch unseriöse Anbieter an. Glücklicherweise gibt es mehrere Verzeichnisse von dubiosen und intransparenten Angeboten (siehe Seite 47). Sie können diese laufend aktualisierten Warnlisten per Telefax abrufen oder im Internet einsehen.

10. Ich möchte 10 000 Euro anlegen. Können Sie mir eine Anlageempfehlung geben?

Ab Seite 67 finden Sie vier Musterportfolios. Damit Sie diese auf Ihre individuelle Situation anwenden können, sollten Sie einige Fragen beantworten: In welcher Lebensphase befinden Sie sich? Wie ist die bisherige

Struktur Ihres Vermögens? Haben Sie eine Liquiditätsreserve gebildet? Wie viel Risiko können Sie, welches wollen Sie eingehen?

Auch wenn Sie probehalber mit einem kleineren Betrag einsteigen wollen, finden Sie in diesem Ratgeber eine Empfehlung auf Seite 68.

AUF DEM WEG AUS DER NISCHE

Volumen und Entwicklung grüner Geldanlagen

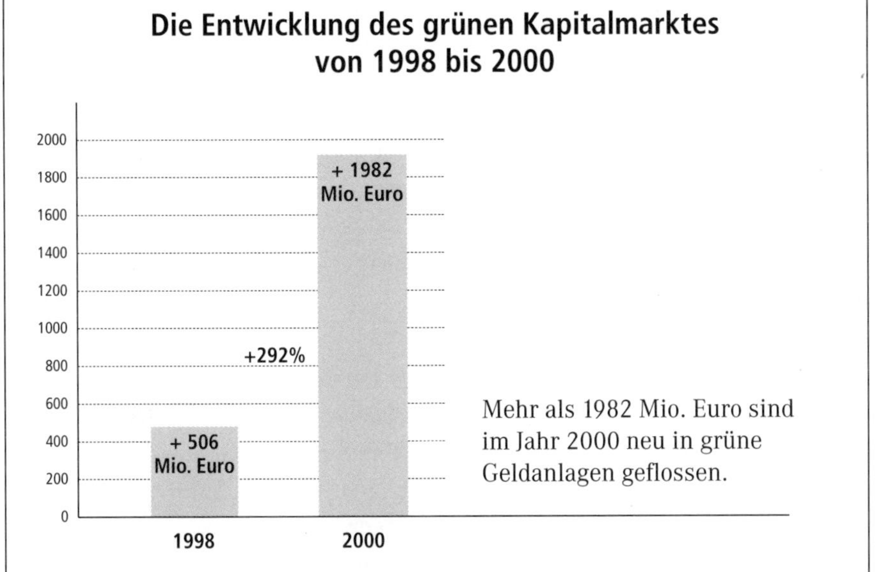

Deutschsprachiger Raum, ohne Lebensversicherungen, einige Angaben per 30. September 2000
Quelle: eigene Berechnungen, Ecoreporter.de u. a.

Ethisch-ökologische Geldanlagen liegen im Trend. Im Jahr 2000 investierten Anleger in grüne Banken, Beteiligungsfonds, neu emittierte Umweltaktien, Fondsanteile und grüne Aktienzertifikate eine Gesamtsumme von ca. zwei Milliarden Euro. Hierbei handelt es sich um zusätzlich neu angelegte Gelder. 1998 waren dies ca. 500 Millionen Euro. Innerhalb von zwei Jahren hat sich der Mittelzufluss in den grünen Kapitalmarkt damit mehr als vervierfacht.

Besonders der Zufluss von Geldern in grüne Aktiengesellschaften und Investmentfonds erlebt rasante Steigerungsraten. Die durch den hohen Kapitalzufluss verursachten Kursgewinne haben weiteres Interesse auf den „grünen" Kapitalmarkt gelenkt. Musste vor zehn Jahren die Finanzierung für Windkraftprojekte noch mühsam auf die Beine gestellt werden, ist dies heute weitgehend „business as usual". Zunehmend investieren auch rein renditeorientierte Anleger und Finanzinstitute in diesem Bereich.

Trotz dieser rasanten Entwicklung gehen in Deutschland bisher erst 15 Cent von 100 Euro in alternative Investments, das sind 1,5 Promille. Das Publikumsinteresse ist jedoch wesentlich größer: Nach einer repräsentativen Befragung des Institutes für Markt, Umwelt und Gesellschaft (imug) sind 26 Prozent der Bevölkerung an einer sozial und ökologisch orientierten Geldanlage interessiert bzw. sehr interessiert, auch wenn der Gewinn geringer wäre als bei anderen Anlageformen. Vor vier Jahren antworteten so nur 17 Prozent der Befragten.

Immer mehr Anbieter und Produkte

Vom Sparkonto über Aktienfonds bis zur Lebensversicherung – zu fast jedem normalen Geldprodukt gibt es inzwischen „grüne" Alternativen. Weit über hundert größere Anbieter tummeln sich mittlerweile auf dem Markt: gut 50 grüne Aktiengesellschaften, mehrere Dutzend Anbieter von Windkraftfonds, über 20 Investmentfonds, sechs Lebensversicherungen, diverse Pensions- und Unterstützungskassen und vier Banken. Zusätzlich werden ein knappes Dutzend Aktienzertifikate und verschiedene festverzinsliche Wertpapiere angeboten.

Innerhalb der letzten zwei Jahre hat sich die Zahl der Anbieter mehr als verdoppelt, fast monatlich kommen weitere hinzu. Neben den großen Finanzdienstleistern gibt es eine Vielzahl kleinerer Beteiligungsmöglichkeiten vor allem im Bereich regenerativer Energien, die entweder direkt im Umfeld der Projekte oder über ein wachsendes Netz von Vermittlern und Maklern angeboten werden.

Noch deutlicher wird die Dynamik des grünen Kapitalmarktes, wenn man auf die Situation vor zehn Jahren zurückblickt. Damals konnte man die Anbieter noch an zwei Händen abzählen: die GLS Gemeinschaftsbank eG, die 1974 gegründete Pionierin des ethischen Banking in Deutschland, die allerersten Windkraftfonds, die 1989 entstanden, daneben zwei oder

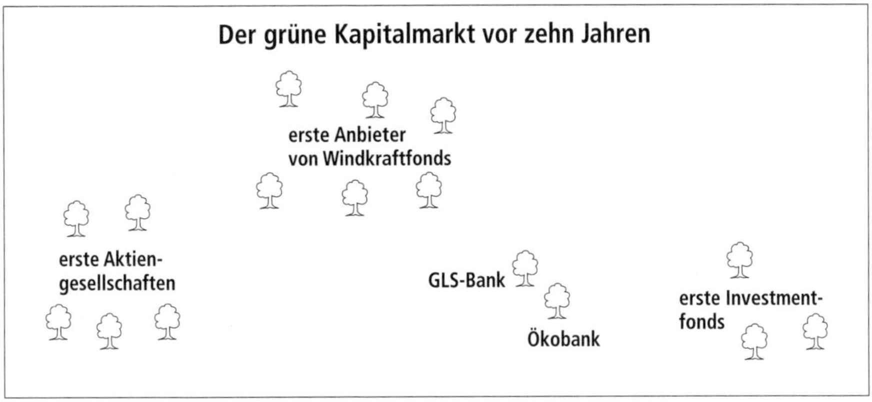
Der grüne Kapitalmarkt vor zehn Jahren
erste Anbieter von Windkraftfonds
erste Aktiengesellschaften
GLS-Bank
Ökobank
erste Investmentfonds

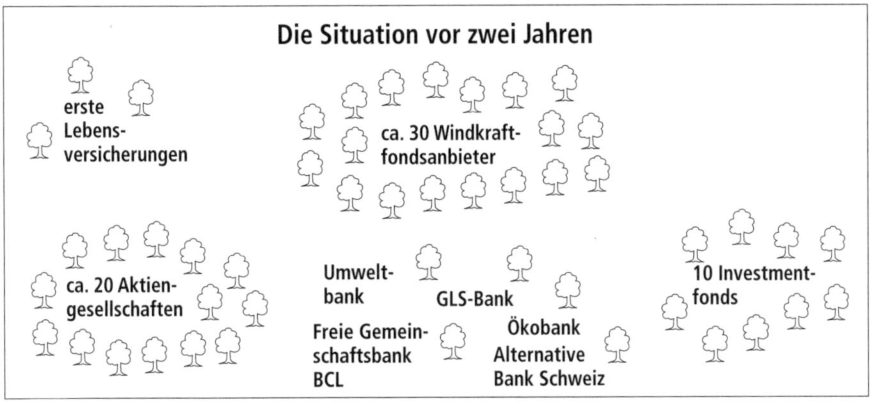
Die Situation vor zwei Jahren
erste Lebensversicherungen
ca. 30 Windkraftfondsanbieter
ca. 20 Aktiengesellschaften
Umweltbank
GLS-Bank
Freie Gemeinschaftsbank BCL
Ökobank
Alternative Bank Schweiz
10 Investmentfonds

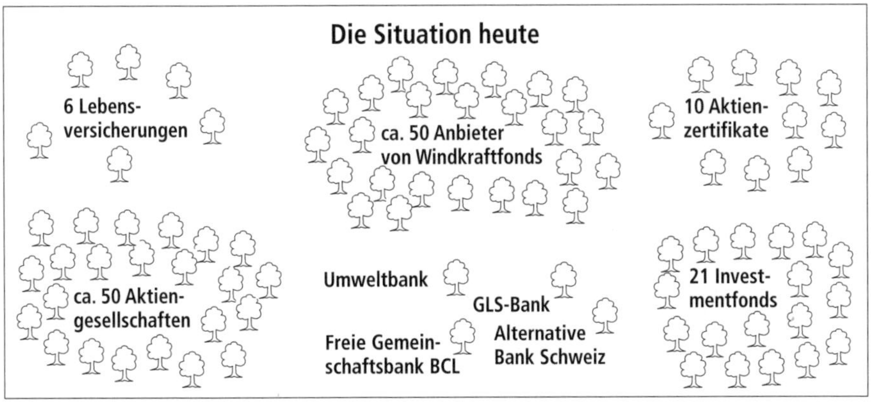
Die Situation heute
6 Lebensversicherungen
ca. 50 Anbieter von Windkraftfonds
10 Aktienzertifikate
ca. 50 Aktiengesellschaften
Umweltbank
GLS-Bank
Freie Gemeinschaftsbank BCL
Alternative Bank Schweiz
21 Investmentfonds

drei Investmentfonds und erste grüne Aktien- und Kommanditgesellschaften wie die Rapunzel AG und die Öko-Test-Verlags KG.

Heute drängen auch die großen Banken und Fondsgesellschaften in den lukrativen grünen Markt. So die Schweizer Bankgesellschaft UBS mit Investmentfonds und Aktienzertifikaten und die Deutsche Bank, die über die Tochtergesellschaft Deutsche Erneuerbare Energien GmbH (DEE) künftig 250 Millionen Euro jährlich in regenerative Energien investieren will.

Die Aktie steht im Vordergrund

Im deutschsprachigen Raum waren grüne Sparkonten, Sparbriefe und Festgelder die ersten grünen Geldanlagen, die angeboten wurden. Danach kam der Boom der Windkraftfonds, meistens in der Rechtsform der Kommanditgesellschaft organisiert.

Die Aktie steht immer mehr im Vordergrund

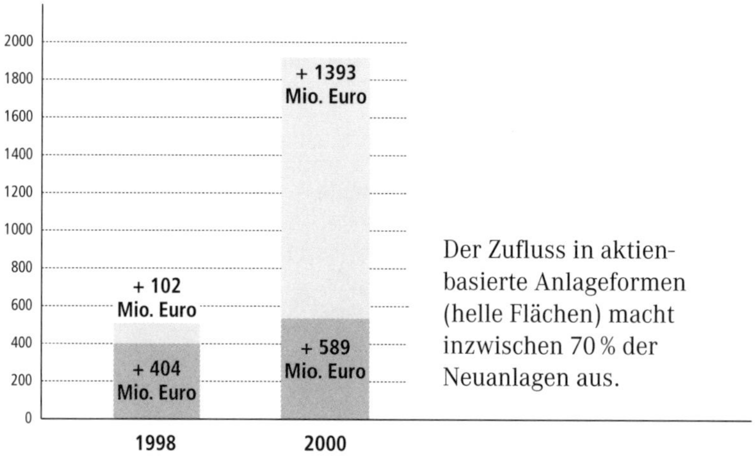

Angaben für das Jahr 2000 per 30. September
Quelle: Ecoreporter.de

Seit drei Jahren werden – ausgelöst durch den zeitweiligen Boom des Neuen Marktes – auch im grünen Bereich immer mehr Aktiengesellschaften gegründet, vor allem im Bereich erneuerbarer Energien. Durch Neuemissionen, also die Ausgabe neuer Aktien, floss im Jahre 1998 zusätzliches Kapital in Höhe von 82 Millionen Euro in den grünen Kapitalmarkt; in den ersten neun Monaten des Jahres 2000 waren es schon 332 Millionen Euro. Ein Teil dieser Aktien ist an der Börse notiert, andere Werte werden außerbörslich – in oft bescheidenem Umfang – gehandelt. Durch zum Teil erhebliche Kurssteigerungen lag der Kurswert der börslich notierten Umwelt-Aktiengesellschaften Ende 2000 bei 2,8 Milliarden Euro.

Wie sehr die Aktie inzwischen im Vordergrund steht, zeigt die Grafik auf Seite 20. Der Anteil der aktienbasierten Anlageformen (Direktanlagen in Aktien, Aktienfonds, Aktienzertifikate) macht inzwischen 70 Prozent des gesamten Mittelzuflusses in den grünen Kapitalmarkt aus.

Warum ist die Rechtsform der Aktiengesellschaft bei vielen Unternehmensgründern so populär? Zum einen kann sich der Anleger einfacher von Aktien trennen als von langfristigen Beteiligungen. Zum zweiten bietet die Aktie neben eventuellen Dividenden den Reiz von leicht realisierbaren Kursgewinnen. Und drittens können die über erhebliche Mittel verfügenden Investmentfonds nur in Unternehmen mit der Rechtsform der AG investieren. Alle drei Faktoren erleichtern die Kapitalbeschaffung gerade für junge, stark expandierende Firmen.

Atemberaubende Zuwächse bei den grünen Investmentfonds

Die beeindruckende Steigerung des Mittelzuflusses in den gesamten grünen Kapitalmarkt wird von der fast explosionsartigen Entwicklung bei den grünen Investmentfonds noch übertroffen. Gerade einmal 19 Millionen Euro flossen den deutschsprachigen Umwelt-Investmentfonds im Jahre 1998 zu. Vom 1. Januar bis zum 30. September 2000 waren es bereits 679 Millionen Euro, die in grünen Fonds angelegt wurden – eine Steigerung um das 35fache!

Gleichzeitig stieg die Zahl der Fonds von zehn auf 21 Angebote an. Neben klassischen grünen Aktienfonds werden zunehmend so genannte Nachhaltigkeitsfonds aufgelegt, die in konventionelle Unternehmen unterschiedlichster Branchen investieren, die ihre Produktion unter ökologischen und sozialen Gesichtspunkten vorbildlich gestalten (siehe Seite 50). Neu unter den Aktienfonds ist auch der Indexfonds Greeneffects, der nur in den 20 Unternehmen anlegt, die im Natur-Aktien-Index (NAI) enthalten sind. Daneben gibt es grüne Renten- und Mischfonds, die ganz oder teilweise in festverzinsliche Wertpapiere investieren.

Die Spekulation treibt erste Blüten

Der grüne Kapitalmarkt ist auf dem Weg aus der Nische. Solar- und Windkraftanlagen sind mittlerweile interessante Anlageobjekte weit über die Pioniere der ersten Stunde hinaus. Regenerative Energien werden auch von den großen Energiekonzernen als wichtige Zukunftstechnologien angesehen (siehe Seite 125). Vielleicht ist auch der ökologische Landbau, vor allem der gesamte Naturkostmarkt, von diesem Punkt nicht mehr weit entfernt.

Die stärksten Zuwächse waren bei den grünen Investmentfonds

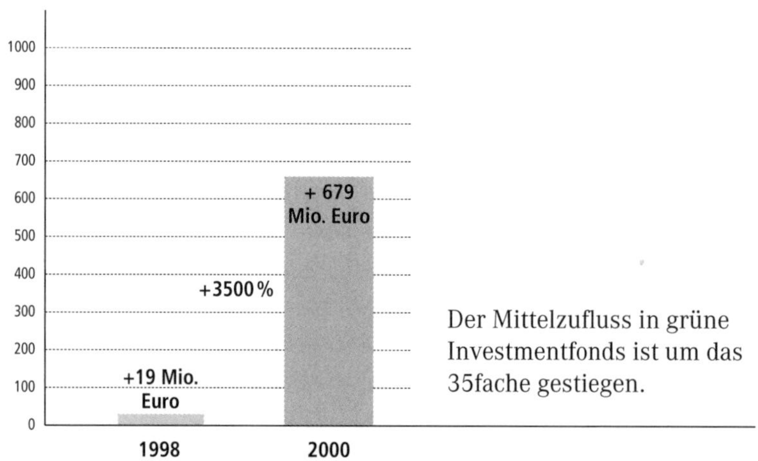

Der Mittelzufluss in grüne Investmentfonds ist um das 35fache gestiegen.

Angaben für das Jahr 2000 per 30. September
Quelle: Ecoreporter.de

Die Vermarktung der Öko-Finanzprodukte wird immer professioneller, plakativer und emotionaler. Nicht mehr der gesellschaftliche Nutzen, sondern das Interesse der Investoren wird in den Vordergrund gestellt. Auf die Vergangenheit bezogene Renditebeispiele mit teilweise erheblichen zweistelligen Kurssteigerungen sollen „Appetit auf mehr“ machen.

Das enorme Anlegerinteresse hat leider nicht nur günstige Auswirkungen. Es ist wie immer an der Börse: Bestimmte Aktien sind „trendy”, viel Geld fließt in den Markt und treibt die Kurse hoch. Anders als bei vielen Internet-Aktien des Neuen Marktes bieten einige der neuen grünen Aktiengesellschaften im Bereich Solar- und Windenergie eine solide Grundlage; dennoch erscheinen viele Kurse überbewertet. Teilweise gibt es mehr Kapital im Markt, als in interessanten und seriösen Unternehmen anzulegen wäre.

Die Berg- und Talfahrt der Kurse zeigt, wie stark die spekulativen Elemente auch im grünen Kapitalmarkt sind. Ein Beispiel: Die Aktie des US-amerikanischen Solaranlagenherstellers Astropower stieg von Juni bis November 2000 von 13 auf 63 Dollar, um binnen zweier Monate wieder auf 25 Dollar zurückzufallen.

Der Boom des grünen Geldes ruft auch dubiose Anbieter, Finanzmakler und Vermittler auf den Plan, denen es nur darum geht, mit dem Etikett „grün“ die schnelle Mark zu verdienen. Erste Konkursfälle und Betrugsverfahren haben gezeigt, dass man auch im grünen Kapitalmarkt vor schwarzen Schafen auf der Hut sein muss (siehe Seite 49).

Daneben stellt sich die Frage, ob bestimmte Anlageformen den Anlegern nicht in erster Linie ein positives Gefühl vermitteln, aber eigentlich kaum positive Auswirkungen auf die ökologische Umgestaltung der Wirtschaft haben.

Welche Wirkung haben grüne Geldanlagen?

Anders als im konventionellen Bankgeschäft steht bei grünen Geldanlagen die Verwendung des Geldes im Mittelpunkt. Je nach Anlageform können Sie als Anleger sogar im Detail entscheiden, welches konkrete Projekt oder Unternehmen mit ihren Mitteln finanziert werden soll. Was können grüne Geldanlagen tatsächlich bewirken?

Der erste und wohl wichtigste Effekt ist, dass Projekten oder Unternehmen Finanzierungsmittel zufließen, die sie ansonsten nur zu schlechteren Konditionen oder gar nicht bekommen könnten. Zwei Beispiele: Durch die Emission von Aktien konnten Firmen wie Energiekontor AG und Umweltkontor AG ihr Eigenkapital aufstocken, unter anderem um zukunftsweisende, aber kapitalintensive und auch risikoträchtige Offshore-Windprojekte (siehe Seite 130) angehen zu können. Durch außerordentlich günstige Kredite und innovative Finanzierungsideen der GLS Gemeinschaftsbank eG (siehe Seite 78) konnten viele soziale und ökologische Projekte realisiert werden, die sonst ohne jede Chance gewesen wären.

Interessanterweise ist oft das direkte finanzielle Engagement von Anlegern eine entscheidende Stütze, wenn Projekte in schwierige Situationen geraten. So der Öko-Test-Verlag, der sich von Anfang an ausschließlich über Kommanditbeteiligungen von mittlerweile über 3500 Miteigentümern finanziert hat. Als die Zeitschrift in den Anfangsjahren mehrfach vor dem Aus stand, war es dieses Unterstützerumfeld, das durch laufende Aufstockung des Eigenkapitals den Gang zum Konkursrichter abgewendet hat. Bei einer konventionellen Bankfinanzierung wäre das Projekt unweigerlich gescheitert.

Dieser Finanzierungseffekt von grünen Geldanlagen ist besonders hoch bei Neuemissionen von Aktien und bei Beteiligungsfonds, weil die investierten Beträge nach Abzug der Vertriebskosten direkt bei den Empfängern landen.

Gelder, die grünen Banken anvertraut werden, müssen zu einem Teil als Liquiditätsreserve geparkt werden. Daher können nur circa zwei Drittel als Kredit weitergeleitet werden; dies jedoch teilweise zu sehr günstigen Konditionen.

Welche Wirkung haben grüne Aktien?

Bei der Neuemission von Aktien fließt das Geld der Anleger direkt der Aktiengesellschaft zu und bildet die wichtigste Basis für die Finanzierung der Unternehmenstätigkeit. Durch die Neuausgabe von Aktien beschaffen sich viele Pionierunternehmen laufend neues Eigenkapital, um zum Beispiel den Ausbau regenerativer Energien voranzutreiben.

Beim Kauf von bereits emittierten Aktien ist das anders: Hier fließt das von Ihnen angelegte Geld nicht dem Unternehmen zu, sondern landet in der Tasche des Vorbesitzers.

Sie tragen mit Ihrem Kauf zwar dazu bei, dass sich das Handelsvolumen der Aktie erhöht und diese „fungibler“ wird (also leichter zu kaufen und zu verkaufen ist), eine direkte Finanzierungswirkung hat ihre „Investition“ aber nicht.

Erst wenn das Unternehmen wieder neue Aktien ausgibt, spielt der aktuelle Aktienkurs erneut eine Rolle: Die Höhe des Emissionskurses – und damit die Finanzierungsmöglichkeit für das Unternehmen – wird auch von der Nachfrage nach den „alten“ Aktien bestimmt.

Da der Anteil der Neuemissionen am gesamten Aktienhandel auf längere Sicht sehr gering ist, muss man die ökologische „Wirkung“ von Aktienkäufen differenziert betrachten (siehe auch Seite 39). Die gleiche Einschränkung gilt für alle Aktien-Investmentfonds.

Indirekte Wirkungen

Neben der Finanzierungswirkung hat die Geldanlage in grünen Aktien allerdings eine Reihe indirekter Wirkungen:

Erstens erhöht die Präsenz des Themas in der Öffentlichkeit die Sensibilität der Firmen für ökologische Fragen. In der letzten Zeit sind mehrere Forschungsinstitute, so genannte Rating-Agenturen, wie die Münchener oekom research entstanden, die das Geschäftsgebaren großer Unternehmen unter ethisch-ökologischen Gesichtspunkten durchleuchten. Ermöglicht wurde dies durch den Informationsbedarf der grünen Investmentfonds, die ihre Anlagestrategie und die Auswahl ihrer Aktien gegenüber den Anlegern laufend begründen müssen.

Mittlerweile wird diese Bewertung auch auf „normale“ Unternehmen wie Siemens oder die Telekom ausgedehnt, die in sehr unterschiedlichem Maße ökologische und Nachhaltigkeitsgesichtspunkte in ihre Arbeit einfließen lassen. Auf dem Umweg über die Öffentlichkeit entsteht dabei Druck auf die Firmen.

Die im neuen Gesetz zur privaten Altersvorsorge enthaltene Pflicht für Lebensversicherungen und Fonds, über die Berücksichtigung ethisch-ökologischer Aspekte bei ihrer Anlagepolitik zu berichten, wird diesen Effekt weiter verstärken.

Zweitens bringt die Einstufung als grüne Aktie Imagevorteile, die sich für die Unternehmen auch außerhalb des Kapitalmarktes positiv auswirken (siehe Seite 50).

Und schließlich können die Manager grüner Investmentfonds durch kontinuierliche Nachfragen und Recherchen einen gewissen, wenn auch nicht genau bestimmbaren Einfluss auf die Unternehmensführung nehmen. Investmentfonds werden damit – wenigstens potenziell – zu einem Kommunikationsinstrument zwischen Anlegern und Unternehmen. Von den bestehenden grünen Fondsgesellschaften wird diese Möglichkeit allerdings noch wenig genutzt.

Fördernde und vermeidende Geldanlagen

So viel mit grünen Geldanlagen auch erreicht werden kann, eines kann man mit seiner Anlageentscheidung nicht – bestimmte Entwicklungen verhindern.

Kampagnen gegen Dow Chemical oder die Apartheid-Poltik in Südafrika (siehe Seite 55), die die Forderung vertraten, „den Banken das Geld für solche Zwecke wegzunehmen", hatten eine *politische* und keine wirtschaftliche Wirkung. Denn es gibt weltweit zu viel Kapital, das ohne moralische Rücksichten jede Finanzierungslücke schließt, wenn nur die Rendite stimmt.

Wie aussichtslos der Versuch eines solchen „Austrocknens" der globalen Finanzierungsströme ist, illustriert ein zur Zeit der Boykottaufrufe veröffentlichter Zeitungsartikel, der darauf hinwies, dass die betroffenen südafrikanischen Aktiengesellschaften gerade wegen des Finanzierungsboykottes eine interessante Anlagealternative für antizyklisch agierende Investoren seien.

Wer mit seiner Geldanlage ausdrücklich etwas bewirken möchte, sollte darauf achten, dass die Anlageform eine fördernde Wirkung für bestimmte Projekte oder Unternehmen hat, entweder durch günstigere Finanzierungskonditionen oder dadurch, dass bestimmte Finanzierungen überhaupt erst ermöglicht werden.

Interessant ist in diesem Zusammenhang die Frage, welchen Sinn die weit verbreiteten „Negativkataloge" vieler grüner Investmentfonds haben. Hierbei wird der Erwerb von Aktien ausgeschlossen, wenn diese bestimmte Negativkriterien erfüllen – zum Beispiel die Beteiligung an Rüstungsgeschäften, an Atomkraft oder Chlorchemie. Im angelsächsischen Bereich sind auch Negativkriterien wie Alkohol- oder Zigarettenproduktion weit verbreitet.

Ethischer Umgang mit Geld

Tatsächlich haben solche Negativkriterien vor allem eine symbolische Wirkung. Selbst in den USA, wo circa 10 Prozent des Geldvermögens nach (verschiedensten) ethischen Kriterien verwaltet werden, bringt dies keinen Suchtmittelproduzenten in ernstliche Finanzierungsprobleme.

Den Anlegern geht es vermutlich auch um etwas anderes. Nicht die *Veränderungswirkung* der eigenen Anlageentscheidung – im Sinne einer Verantwortungsethik – steht im Vordergrund. Vielmehr geht es um das Nicht-beteiligt-sein-Wollen an bestimmten Vorgängen, die als unethisch empfunden werden. In den USA betrifft dies beispielsweise Unternehmen, die ihr Geld mit Glücksspiel verdienen, im deutschsprachigen Raum vor allem die Rüstungs- und Atomindustrie. Im moslemischen Kulturkreis wiederum sind Zinsgeschäfte weitgehend verpönt.

Ein solcher gesinnungsethischer Ansatz findet sich zum Beispiel auch in dem verbreiteten Slogan für grüne Geldanlagen: „Gute Rendite mit gutem Gewissen“. Es ist die Frage, ob dieser Ansatz nicht zu kurz greift, weil er die Wirkung des Geldes ausblendet.

Die sehr unterschiedlichen ethischen Negativkriterien (Rüstung, Atomkraft, Zigaretten, Glücksspiel, Zinsgeschäfte etc.) zeigen auch, dass es – abgesehen von den grundlegenden Menschenrechten – keine allgemein gültigen ethischen Kriterien gibt. Interessanterweise hat es das deutsche Bundesaufsichtsamt für das Kreditwesen aus diesem Grund bisher abgelehnt, die Bezeichnung „Ethische Fonds“ zu genehmigen.

Das Aufstellen von Positiv- und Negativkriterienkatalogen kann nur ein (eher sperriger) Orientierungsrahmen für die ethische Geldanlage sein. Auch kann es ethische Finanzprodukte im eigentlichen Sinne nicht geben, da nur das menschliche Handeln *ethisch*, das heißt sich selbst gegenüber verantwortlich sein kann.

Dass dies überhaupt nicht selbstverständlich ist, zeigt das fast automatenhaft ablaufende Geschehen im globalen Geldsystem. Kauf- und Verkaufsentscheidungen werden nicht mehr nach irgendwelchen inhaltlichen Gesichtspunkten getätigt, sondern ausschließlich nach dem Gesichtspunkt der Kapitalmaximierung. Geld regiert die Welt. Der einzelne Mensch hat hierbei nur noch bestimmte Funktionen der Informationsverarbeitung möglichst perfekt zu erfüllen. Konsequenterweise werden diese Aufgaben zunehmend an elektronische Systeme übertragen.

Im Kern geht es bei ethischer Geldanlage darum, dass der Anleger sein Handeln mit seinen eigenen, *individuellen* Werten in Übereinstimmung bringt. Das ist schwer genug.

Transparenz ist das Schlüsselwort

Um Verantwortung übernehmen zu können, muss man die Auswirkungen der eigenen Entscheidungen überschauen können. Die Undurchschaubarkeit des heutigen Bankwesens steht dem entgegen. Kein Anleger weiß, was mit seinem investierten Geld geschieht, wofür es eingesetzt wird und woher die Erträge stammen, die am Jahresende dem Konto oder Sparbuch gutgeschrieben werden.

Hier haben vor allem die grünen Banken wichtige Akzente gesetzt. Allen voran die Alternative Bank Schweiz und die GLS Gemeinschaftsbank eG informieren ihre Anleger in vorbildlicher Weise darüber, welche Unternehmen und Initiativen welche Beträge für welche Zwecke erhalten haben. Ausführliche Reportagen in den jeweiligen Kundenzeitschriften „Moneta" und „Bankspiegel" und die Einladung an die Anleger, gemeinsam mit den Bankmitarbeitern einzelne Projekte zu besuchen, runden das Bild ab.

Auch bei den Beteiligungsfonds weiß der Anleger genau, was durch seine Beteiligung ermöglicht wird. Oft werden hier jährliche Gesellschafterversammlungen mit Besuchen der realisierten Projekte verbunden. Bei der Anlage in Aktien, Aktienzertifikaten und Investmentfonds ist zumindest eine größere Transparenz als bei konventionellen Bankanlagen gegeben.

„Geld ist eine der genialsten Erfindungen der Menschheit"

Interview mit Carl Amery

Carl Amery, Schriftsteller und Mitgründer der Grünen, zeitweise Präsident des Westdeutschen PEN-Zentrum

Herr Amery, sind Sie ein Geldkritiker?

Geld ist eine der genialsten Erfindungen der Menschheit. Aber es wird nicht nur als ein Instrument benutzt, das unser alltägliches Handeln enorm vereinfacht, sondern als etwas, das angehäuft werden soll und sich selbst vermehrt. Dies ist eine der Tragödien unserer Zeit.

Was kann man da tun?

Man muss sich zunächst einmal persönlich klarmachen, dass es nicht sinnvoll sein kann, für seine Erben Reichtümer anzuhäufen um den Preis der Zerstörung der Biosphäre. Das Renditedenken, wie es heute um sich greift, basiert im Wesentlichen genau darauf. Wir müssen umdenken. Geld kann befreiend wirken, wenn es dazu eingesetzt wird, eine bewohnbare Zukunft zu finanzieren.

Das klingt so, als würden sich Ökologie und Rendite ausschließen.

Nicht unbedingt. Wenn ich an Investitionen in regenerative Energien denke, an Technologien, die die Energieeffizienz verbessern, oder an ökologische Landwirtschaft, so kann dies auch einen angemessenen Ertrag bringen. Ich selbst versuche, das Geld, das ich geerbt habe, in diesem Sinn zu investieren. Dadurch bin ich in gewisser Weise gezwungen, Kapitalist zu werden. Ich nehme die Bürde auf mich und kümmere mich um Investitionen verschiedenster Art, interessiere mich auch für kleine, neue Firmen. Nicht immer mit Erfolg, wie ich zugebe. Aber das ist nicht so entscheidend: Mit einer Erbschaft fällt einem ja etwas zu, was man streng genommen nicht verdient hat.

Was stört Sie an konventionellen Banken?

Das Problem ist, dass Anleger am Schalter einer herkömmlichen Bank auch ihre Mündigkeit abgeben. Was weiß ich, was mit meinem Geld passiert, wenn ich einen konventionellen Sparbrief kaufe? Ob es nicht in

Form eines 200 000-Tonnen-Öltankers mit einem betrunkenen Kapitän auf der Brücke auf den Weltmeeren herumgeistert. Nichts erfährt man darüber, wohin das Geld fließt. Diese Vorstellung hat mich wütend gemacht.

Grüne Geldanlagen haben schon einiges angestoßen, zum Beispiel den Boom im Bereich Windkraft. Was ist nötig, damit hier noch mehr Dynamik entsteht?

Eine Wende wird möglich, wenn es schick wird, nicht nur Porsche zu fahren, sondern auch Solaraktien zu haben. Wenn es Prestige bringt, zu den ökologischen Pionieren zu gehören. Ich kenne tatsächlich schon viele Menschen, die sagen: Es ist für mich nicht entscheidend, ob sich die Photovoltaik schon jetzt rentiert, mir macht das Ganze Spaß und ich will mit meinem Geld etwas bewirken, ich will diese Entwicklung mit durchsetzen.

Halten Sie grüne Geldanlagen langfristig für profitabel?

Heute werden noch Kartoffeln aus Deutschland in Süditalien in Plastiktüten verpackt und per LKW wieder zurückgekarrt. Wenn die G8-Menschheit begreift, dass Transportwege teuer sein müssen, wenn die langfristigen Kosten der Umweltzerstörung von den Verursachern getragen werden müssen, wird dies unsere Wirtschaft ziemlich umkrempeln. Dann werden die ökologischen Alternativen unter ökonomischen und auch unter Anlagegesichtspunkten sehr attraktiv.

Gehört zu einem anderen Umgang mit Geld auch das Schenken?

Natürlich. Stellen Sie sich einmal vor, was geschähe, wenn alle Menschen zehn Prozent ihres Vermögens testamentarisch für klar benannte soziale und ökologische Aufgaben einsetzen würden. Was da für ein Zukunftsbudget entstünde, wie dies die Entwicklung unserer Gesellschaft beflügeln könnte.

WAS GRÜNES GELD BEWEGEN KANN

Windkraftpioniere: Es begann mit 200 000 Mark

Norddeutsche Demeter-Landwirte gehörten zu den Pionieren der Windenergie

Thomas Scharmer und Fritz Otto, zwei Biobauern aus Schleswig-Holstein, gehören zu den Windkraftpionieren. 1987/88 installierten sie auf ihren Höfen zwei der ersten Anlagen in Deutschland. Auslöser war die Reaktorkatastrophe von Tschernobyl im April 1986: „Die Gefahren der atomaren Stromgewinnung sind uns deutlich vor Augen geführt worden. Wir konnten unsere Tiere wegen der erhöhten Radioaktivität nicht mehr auf die Weiden lassen und selbst unsere besten Kunden sind auf H-Milch umgestiegen“, erinnert sich Thomas Scharmer.

Damit nicht genug. Wenige Monate später ging in unmittelbarer Nachbarschaft das Atomkraftwerk Brokdorf ans Netz. Die Landwirte wollten nicht mit ihren jährlichen Stromrechnungen von 25 000 DM die Atomindustrie ungewollt mitfinanzieren. Der Bau einer eigenen Windkraftanlage kam ihnen in den Sinn.

Aber wie die erforderlichen 200 000 Mark aufbringen? Die Bauern wandten sich an die Bochumer GLS-Gemeinschaftsbank eG. Mithilfe der zunächst kritischen Alternativbanker wurde ein Konzept erarbeitet. Innerhalb kürzester Zeit war das Kapital von Privatleuten in Form von Direktbeteiligungen bereitgestellt.

Im Jahr darauf, 1989, entschloss sich die GLS-Bank, den ersten Beteiligungsfonds für Windkraftanlagen aufzulegen. Aus vielen solcher Pioniertaten ist eine Wirtschaftsbranche mit circa 30 000 direkten und indirekten Arbeitsplätzen entstanden. Die Finanzierung von Windanlagen ist heute Alltagsgeschäft von Beteiligungsgesellschaften. Allein im Jahre 2000 wurden circa 1,8 Millliarden Euro in neue Windkraftanlagen investiert.

Kontakt: Thomas Scharmer/Hof Dannwisch, www.hofdannwisch.de,
Telefon (0 41 26) 14 56

WAS GRÜNES GELD BEWEGEN KANN

Aktionäre gegen die Global Climate Coalition: Die Energie- und Autobranche denkt um

Hauptversammlung der DaimlerChrysler AG

Im Jahre 1989 wurde in den USA die Global Climate Coalition (GCC) gegründet, eine Lobby von Verbänden und Unternehmen der Energie- und Autobranche. Zahlreiche multinationale Konzerne unterstützten die GCC im Kampf gegen die politisch forcierte Reduzierung des weltweiten CO_2-Ausstoßes. Aber inzwischen ist es zu einer Trendwende gekommen. Anfangsimpuls war eine Rede von John Browne, Vorstandsvorsitzender von BP, der 1997 erstmals den Zusammenhang von CO_2-Ausstoß und Klimaerwärmung zugegeben hat. Ein Jahr später verließ BP die GCC. Mit General Motors zog sich im März 2000 der letzte große Automobilkonzern zurück, nachdem Ford und DaimlerChrysler vorangegangen waren.

Das Umdenken der Konzerne ist nicht zuletzt dem Druck der Anleger zu verdanken. Der Dachverband der Kritischen Aktionärinnen und Aktionäre forderte über ein Jahr lang den Austritt von DaimlerChrysler aus dem Lobbyverband und drohte zu einem Kaufboykott aufzurufen.

Der rasche Niedergang der GCC in den letzten drei Jahren zeigt deutlich, in welche Richtung sich auch die global tätigen Unternehmen orientieren. Längst arbeiten Autohersteller wie Ford an einem wasserstoffbetriebenen Auto, längst gehören Energiekonzerne wie BP und Shell zu den führenden Herstellern von Solarzellen. BP hat sich das Ziel gesetzt, den Kohlendioxid-Ausstoß des Unternehmens bis 2010 um 10 Prozent zu verringern. Dazu meint der Chef der UN-Umweltbehörde, Klaus Töpfer: „Es ist bemerkenswert, dass sich Energiekonzerne wie BP oder Shell in der Tat umstellen. Manche Manager, die ich treffe, haben die Größe der Aufgabe verstanden."

Kontakt: Dachverband der Kritischen Aktionärinnen und Aktionäre e.V., www.kritische-aktionaere.de, Telefon (02 21) 5 99 56 47

WAS GRÜNES GELD BEWEGEN KANN

Die Stromrebellen von Schönau: von der Bürgerinitiative zum grünen Unternehmen

Die Bürger von Schönau haben ihr eigenes Stromnetz übernommen

In Schönau, einer kleinen Gemeinde im südlichen Schwarzwald, konnte zum ersten Mal in der Geschichte der Bundesrepublik eine Bürgerinitiative die Versorgungskonzession für ein lokales Stromnetz erringen. Heute wird dort ein mustergültiges ökologisches Energiekonzept verwirklicht.

Wie konnte das gelingen? Zunächst stimmte die Schönauer Bevölkerung – anfangs gegen Entscheidungen des eigenen Stadtrates – in zwei Bürgerentscheiden dafür, den lokalen Ausstieg aus der Atomenergie zu wagen. Dann musste das Stromnetz dem bisherigen Betreiber abgekauft werden. Um die schwierige Finanzierung zu stemmen, initiierten die Bürgerinitiative und die GLS Gemeinschaftsbank eG die bundesweite Kampagne „Ich bin ein Störfall". Binnen weniger Wochen spendeten mehr als 2000 Unterstützer über eine Million Mark. Weitere 2,4 Millionen DM wurden durch einen speziellen Beteiligungsfonds der GLS-Bank aufgebracht. Am 1. Juli 1997 war man am Ziel: Die Übernahme des Stromnetzes war finanziert und der Weg in eine atomfreie Zukunft in Schönau offen.

Mittlerweile hat Schönau den höchsten Solarstromanteil in ganz Deutschland. Aus der Netzkaufinitiative sind die Elektrizitätswerke Schönau (EWS) hervorgegangen. Der bundesweit angebotene Strom stammt ausschließlich aus regenerativen Energiequellen und energiesparender Kraft-Wärme-Kopplung. Über Schönau hinaus haben die EWS ihren Kundenstamm mehr als verfünffachen können. Aus der Anti-AKW-Initiative sind grüne Unternehmer geworden, deren Erfolg weit über die Grenzen der idyllischen Schwarzwald-Gemeinde ausstrahlt.

Kontakt: EWS – Elektrizitätswerke Schönau GmbH,
www.ews-schoenau.de, Telefon (0 76 73) 8 88 50

GRÜNE GELDANLAGEN IM ÜBERBLICK

Eine breite Palette: Was angeboten wird und was noch fehlt

Ob Sie klassische Bankeinlagen bevorzugen, mit einer Lebensversicherung für Ihr Alter vorsorgen oder in Aktien anlegen wollen: Fast die gesamte Palette der gängigen Finanzprodukte ist inzwischen auch in „Grün" erhältlich. In fast allen Sparten bemühen sich mehrere Anbieter um die Gunst der Anleger.

Am breitesten ist die Auswahl bei grünen Aktien und aktienbasierten Anlageformen wie Investmentfonds und Aktienzertifikaten. Auch Beteiligungsfonds, meistens zur Finanzierung von Windkraftprojekten, gibt es in reichhaltiger Auswahl. Um Ihnen den Überblick zu erleichtern, finden Sie ab Seite 77 eine Auswahl der 50 wichtigsten Anbieter.

Die Angebote der grünen Banken sind rarer gesät. Nachdem die Ökobank 2001 ihre Selbstständigkeit verloren hat, verbleiben in Deutschland noch zwei Banken mit sehr unterschiedlichem Angebotsspektrum: die GLS Gemeinschaftsbank eG und die Umweltbank AG. Auch in der Schweiz existieren mit der Freien Gemeinschaftsbank und der Alternativen Bank Schweiz zwei grüne Banken. In Österreich ist keine grüne Bank tätig, es gibt lediglich einzelne, mehr oder weniger sinnvolle grüne Kontoangebote, zum Beispiel von der Bregenzer Sparkasse und der VKB-Bank in Linz.

Im Unterschied zu konventionellen Geldhäusern konzentrieren sich die grünen Banken auf das Entgegennehmen von Spareinlagen und die Vergabe von Krediten. Girokonten für Privatpersonen sucht man bei den grünen Instituten zumindest in Deutschland vergeblich, vor allem deshalb, weil der Aufwand für die komplette Abwicklung privaten Zahlungsverkehrs sehr hoch ist. Lediglich die Ökobank eG hatte private Girokonten einschließlich EC-Karte und Eurocard im Angebot.

Um ein Girokonto bei einer konventionellen Bank kommt ein grün orientierter Anleger in Deutschland derzeit also nicht herum. Auch rein spekulative Papiere wie Optionsscheine und Termingeschäfte gibt es im grünen Kapitalmarkt nicht.

Ansonsten ist das Angebotsspektrum nahezu komplett. Auch bei der Anlage größerer Vermögen ist man bei den grünen Banken sowie bei Vermögens- und Stiftungsberatungen (Seite 117) gut aufgehoben.

	Deutschland	Schweiz	Österreich
Sparbücher	ja	ja	ja[2]
Sparbriefe	ja	ja	–
Festgelder und Anlagekonten	ja	ja	–
Girokonten	–	ja	–
Investmentfonds[1]	ja	ja	ja
Aktienzertifikate[1]	ja	ja	ja
Aktien (börslich/außerbörslich)[1]	ja	ja	ja
festverzinsliche Wertpapiere[1]	ja	ja	ja
Beteiligungsfonds	ja	ja	ja
Lebensversicherungen	ja	ja	–
Pensions- und Unterstützungskassen	ja	ja	ja
Vermögens- und Stiftungsberatung	ja	ja	–

[1] *Diese grünen Wertpapiere können auch über konventionelle Banken oder Wertpapierbroker erworben werden.*
[2] *Begrenzte Angebote (siehe Seite 37).*

Die vier Kriterien der Geldanlage: Mittelverwendung, Liquidität, Sicherheit und Rendite

Worauf müssen Sie als Anleger achten? Klassischerweise werden drei Faktoren der Geldanlage genannt: Sicherheit, Rendite und Liquidität. Bei der grünen Geldanlage kommt ein vierter wesentlicher Aspekt hinzu: die Mittelverwendung.

Die vier Kriterien der Geldanlage

In den folgenden Abschnitten wird vorgestellt, wie die verschiedenen grünen Geldanlagen unter diesen vier Gesichtpunkten zu beurteilen sind. Die für die Rendite wichtigen steuerlichen Fragen werden ab Seite 71 behandelt.

Was Sie bewirken können: ein bis drei Bäumchen für die ökologische Wirkung Ihrer Geldanlage

Die Wirkung grüner Geldanlagen ist sehr unterschiedlich (siehe Seite 23). Im besten Fall machen sie bestimmte gesellschaftliche Entwicklungen überhaupt erst möglich oder sie verbessern die Kapitalsituation ökologischer Unternehmen. In vielen Fällen geht die Wirkung jedoch über eine symbolische und indirekte nicht hinaus.

Das „Bäumchen“-Symbol gibt Ihnen in den folgenden Tabellen einen ersten Anhaltspunkt für die Wirkung der verschiedenen Anlageformen. Die Einteilung in die drei Wirkungsklassen kann nur eine grobe Richtschnur sein. Sie ersetzt nicht die Auseinandersetzung mit den konkreten Angeboten.

 = **hohe Wirkung**

Diese Anlageformen stellen Eigenkapital für ökologische Zwecke zur Verfügung. Nach Abzug der Vertriebskosten fließt das Geld dem jeweiligen Unternehmen und Projekt vollständig zu.

Dies gilt für:
- Neuemissionen von Aktien (börslich und außerbörslich),
- Genossenschaftsanteile von grünen Banken,
- Beteiligungsfonds,
- Direktbeteiligungen,
- Spendenorganisationen.

 = **mittlere Wirkung**

In diesen Fällen verbessert sich die Finanzierungssituation durch günstigere Kredite von Banken oder am Kapitalmarkt aufgenommenes Fremdkapital.
Dies gilt für:
- Bankeinlagen bei grünen Banken,
- Neuemissionen von festverzinslichen Wertpapieren.

Bei einigen grünen Banken kommt positiv hinzu, dass sie durch innovative Finanzierungsinstrumente Projekte ermöglichen können, die bei konventionellen Banken keine Chance hätten.

 = **geringe Wirkung**

Die Förderwirkung dieser Angebote ist eher indirekt und schwer zu quantifizieren. Nur ein kleiner Teil des vom Anleger gezahlten Geldes fließt direkt in die zu fördernden Projekte oder Unternehmen. Eine Wirkung wird eher über eine allgemeine Sensibilisierung der Öffentlichkeit erreicht. Bei Aktien wirkt sich eine erhöhte Kaufbereitschaft positiv auf den Kurs aus, was unter Umständen künftige Neuemissionen erleichtert.
Dies gilt für:
- Investmentfonds,
- Aktienzertifikate,
- Zweithandel von Aktien und festverzinslichen Wertpapieren,
- Lebensversicherungen,
- Pensions- und Unterstützungskassen.

Ausführliche Erläuterungen hierzu finden Sie ab Seite 23. Lebensversicherungen sowie Pensions- und Unterstützungskassen finden sich in dieser Wirkungsklasse, da sie in ihrer Anlagepolitik in der Regel weitgehend auf festverzinsliche Wertpapiere und Aktien sowie Immobilienerwerb beschränkt sind.

Maßgeschneidert für Ihren persönlichen Anlagehorizont: Welche Laufzeit ist die richtige?

Wie lange wollen – und können – Sie Ihr Geld anlegen? Für die Auswahl der richtigen Anlageform ist dies ein entscheidender Gesichtspunkt. Machen Sie sich deshalb zunächst klar, welche Gelder Sie für welchen Zweck zurücklegen wollen (siehe Seite 65). Suchen Sie dann die zum Anlagezeitraum passende Anlageform.

Die falsche Auswahl der Laufzeit ist einer der Hauptfehler bei der Geldanlage: Was nützt Ihren ein hoher Festgeldzins, wenn Sie Ihr Geld zu lange gebunden haben und Ihr Girokonto überziehen müssen? Was bringt der Kauf von Investmentfonds-Anteilen, wenn Sie diese schon nach einem Jahr wieder verkaufen müssen und 5 Prozent Ausgabeaufschlag verloren sind?

Kurzfristige Anlage (bis zu einem Jahr)

Geeignete Anlageformen sind:

- Tagesgeld- und Anlagekonten,
- Sparbücher,
- Festgelder.

Für die kurzfristige Geldanlage sollten Sie die Angebote der grünen Banken nutzen. Unter Umständen kommen auch festverzinsliche Wertpapiere mit einer kurzen Restlaufzeit infrage.

Mittelfristige Anlage (ein Jahr oder länger)

Geeignete Anlageformen sind:

- Sparbriefe,
- börsennotierte Aktien,
- Aktienzertifikate,
- festverzinsliche Wertpapiere.

Eine Mindestlaufzeit von einem Jahr finden Sie nicht nur bei den meisten Sparbriefen. Auch bei börsennotierten Papieren sollten Sie einen mindestens so langen Anlagehorizont einkalkulieren, da Kursgewinne zumindest in Deutschland versteuert werden müssen, wenn die Papiere kürzer als zwölf Monate („Spekulationsfrist") gehalten werden. Bei Aktien und Aktienzertifikaten empfiehlt sich über diese steuerliche Spekulationsfrist hinaus eine möglichst lange Laufzeit. Um so geringer wird das Risiko, durch zwischenzeitliche Kursverluste den Gesamterfolg der Geldanlage zu gefährden oder gar Teile des eingesetzten Kapitals zu verlieren.

Langfristige Anlage (vier Jahre oder länger)

Geeignete Anlageformen sind:

- Investmentfonds,
- außerbörsliche Aktien,
- Direktbeteiligungen.

Wegen der hohen Transaktionskosten beim Erwerb von Investmentfonds (Ausgabeaufschlag) und außerbörslichen Aktien (Kauf- und Verkaufsprovisionen sowie Kurs-Spread) empfiehlt sich eine langfristige Anlage. Direktbeteiligungen an Unternehmen sind ebenfalls auf einen längeren Zeitraum angelegt.

Sehr langfristige Anlage (zehn Jahre oder länger)

Geeignete Anlageformen sind:

- Beteiligungsfonds,
- Lebensversicherungen,
- Pensions- und Unterstützungskassen.

Lebensversicherungen haben aus steuerlichen Gründen in Deutschland eine Mindestlaufzeit von zwölf Jahren. Beteiligungen an Windkraftfonds sind meist auf 20 bis 25 Jahre angelegt. Ein vorzeitiger Ausstieg ist wenig ratsam.

Kalkuliertes Risiko: ein bis drei Blitze für das Anlagerisiko

Wie sehr die Aussicht auf scheinbar mühelose Traumgewinne den Verstand vieler Anleger auszuschalten vermag, hat die Entwicklung des Neuen Marktes in Deutschland gezeigt. Nach anfänglicher Explosion der Börsenkurse zerplatzte die Seifenblase der Spekulation binnen kurzer Zeit. Obwohl die exorbitanten Kursgewinne und -verluste bei den meisten Anlegern nur auf dem Papier stattfanden, gab es auch sehr reale Geldflüsse zwischen den Aktionären: Wer zum falschen Zeitpunkt einstieg, zahlte die Zeche für die, die die Kursgewinne rechtzeitig realisieren konnten.

Aber nicht nur in Aktien stecken Risiken. Auch bei Investmentfonds, Aktienzertifikaten und Fonds-Lebensversicherungen ist keineswegs sicher, dass Sie wenigstens Ihr investiertes Geld zurückbekommen. Dies ist der Preis für die Chance, auch an Kursgewinnen partizipieren zu können. Je kurzfristiger Sie investieren und je weniger breit Sie Ihr Anlagekapital streuen, um so höher ist Ihr Verlustrisiko.

Auch für die folgende Übersicht gilt: Die Einordnung in die drei Risikoklassen ist nur eine grobe Orientierung und dient der Sensibilisierung für die vorhandenen Risiken. Sie ersetzt nicht die Beschäftigung mit den einzelnen Angeboten.

So können die generell als risikoarm eingestuften festverzinslichen Wertpapiere im Einzelfall bei schlechter Bonität des Emittenten riskanter sein als einzelne Aktien. Bei den generell risikoträchtigeren Beteiligungsfonds dagegen sind die meisten Windkraftfonds so seriös konzipiert, dass nur die genaue Höhe der Rendite nicht exakt vorausgesagt werden kann.

ϟ = **geringes Risiko**

Trifft zu für:

- grüne Banken,
- festverzinsliche Wertpapiere,
- Kapital-Lebensversicherungen,
- Pensions- und Unterstützungskassen.

Banken und Lebensversicherungen unterliegen strikten staatlichen Kontrollen und Anlagevorschriften. Durch entsprechende Rücksicherungseinrichtungen der Banken ist das Geld der Anleger zusätzlich geschützt. Dies gilt jedoch nur für direkte (Spar-)Einlagen, nicht jedoch für von den Banken vermittelte Beteiligungs- und Investmentfonds.

Festverzinsliche Wertpapiere weisen zwar während der Laufzeit je nach Entwicklung des Marktzinses Kursschwankungen auf. Diese sind aber wesentlich geringer als bei Aktien. Am Ende der Laufzeit haben Sie zudem die Gewissheit, dass Sie den Nominalbetrag des Wertpapiers zu 100 Prozent zurückgezahlt bekommen – bei Emittenten (Herausgebern) von festverzinslichen Wertpapieren wie der Deutschen Bahn AG oder der Kommunalkredit Austria AG dürfte dies außer Frage stehen. Beachten müssen Sie das Währungsrisiko bei Papieren, die nicht auf Euro lauten. Hier kann die Verzinsung schnell durch eine ungünstige Veränderung des Wechselkurses aufgezehrt werden.

ϟϟ = **erhöhtes Risiko**

Trifft zu für:

- Investmentfonds,
- Aktienzertifikate,
- Fonds-Lebensversicherungen.

Investmentfonds, Aktienzertifikate und Fonds-Lebensversicherungen bündeln börsennotierte Wertpapiere und gleichen dadurch extreme Kursschwankungen einzelner Werte aus. Die allgemeinen Auf-und-Ab-Bewegungen der Börse gehen aber auch an ihnen nicht vorbei. Vor allem auf kürzere und mittlere Sicht kann es Ihnen passieren, dass Sie das eingezahlte Kapital nicht zurückerhalten, wenn Sie die Fondsanteile bzw. Zertifikate verkaufen wollen oder müssen. Dies gilt auch für Fonds-Lebensversicherungen, die anders als Kapital-Lebensversicherungen keinen Kapitalerhalt und keine Mindestverzinsung garantieren.

ϟϟϟ = **hohes Risiko**

Trifft zu für:

- börsliche Aktien,
- Beteiligungsfonds,
- außerbörsliche Aktien,
- Direktbeteiligungen.

Auf die mit Aktien verbundenen Risiken ist bereits hingewiesen worden. Im grünen Kapitalmarkt sind viele junge Unternehmen mit guten Zukunftsaussichten und starkem Wachstum tätig. Erfahrungsgemäß sind gerade solche Unternehmen anfällig für Krisen, da die stürmische Unternehmensentwicklung erhebliche Anforderungen an Personalrekrutierung und Organisationsentwicklung, an Produktion, Qualitätsmanagement und – nicht zuletzt – an die Finanzierung des Unternehmenswachstums stellt.

Windkraft-Beteiligungsfonds sind unternehmerische Beteiligungen, deren Ertragsprognosen auf vielen Annahmen (Entwicklung der Strompreise, Windverhältnisse, Instandhaltungsaufwand) beruhen. Dass diese Annahmen über einen Zeitraum von 20 Jahren so eintreffen werden, kann selbst bei gewissenhafter Planung nicht garantiert werden.

Ganz besonders hohe Risiken weisen außerbörsliche Aktien, so genannte Private Placements, sowie die verschiedenen Formen von direkten Beteiligungen an Projekten und Unternehmen auf. Auch wenn es gute Gründe für die Anlage in solchen Werten gibt, sollten Sie

- die Angebote von außerbörslichen Aktien und Direktbeteiligungen besonders eingehend prüfen und am besten fachkundige Personen wie Steuer- oder Wirtschaftsprüfer hinzuziehen;
- die verschiedenen Warnlisten zurate ziehen (siehe Seite 49);
- sich nie durch Vermittler oder gar Telefonverkäufer unter Zeitdruck setzen lassen;
- grundsätzlich nur einen kleinen Teil Ihres Vermögens in solche Werte investieren.

Auch wenn bisher am grünen Kapitalmarkt nur wenige entsprechende Fälle eingetreten sind, sollten Sie folgenden Hinweis ernst nehmen: Bei den unter „hohes Risiko“ aufgeführten Anlageformen ist der Totalverlust des Kapitals möglich. Eine breite Streuung des Kapitals ist unbedingt anzuraten.

Von Spekulationsgewinnen bis Non-Profit: Welche Rendite können Sie erwarten?

Natürlich – es gibt atemberaubende grüne Erfolgsstorys. Wer 1997 die Aktie des amerikanischen Brennstoffzellen-Produzenten Ballard Power

Systems gekauft hatte, konnte seinen Einsatz bis zum Sommer 2000 verachthundertfachen. Das Beispiel klingt verlockend, aber es ist doch theoretisch, denn kaum ein Anleger dürfte genau zu den richtigen Zeitpunkten ge- und verkauft haben.

In der Realität kommen spekulativ veranlagte Anleger spätestens nach der ersten Börsenflaute wieder auf den Boden der Tatsachen zurück. Dort gibt es einige einfache Grundsätze:

- Die Börse ist keine Einbahnstraße. Wenn die Euphorie am größten ist, steht der nächste Kurssturz kurz bevor.
- Wer langfristig mit Aktien eine Rendite von acht bis zehn Prozent erzielt, hat schon ein gutes Ergebnis erzielt.
- Höhere Gewinnchancen lassen sich nur durch höhere Risiken erkaufen.

Abgesehen von diesen grundsätzlichen Anmerkungen, hat sich der grüne Aktienmarkt während der letzten zwei Jahre wesentlich besser entwickelt als konventionelle Aktien. Der Natur-Aktien-Index beispielsweise stieg im Jahre 2000 um 50 Prozent. In der ersten Hälfte des Jahres 2001 flaute diese Entwicklung jedoch wieder ab.

Investmentfonds haben im Allgemeinen Probleme, die gleiche Rendite wie vergleichbare Aktienindizes zu erzielen: Die hohen Kosten für Vertrieb und Management machen sich hier bemerkbar. Indexfonds sind unter Umständen eine bessere Alternative (siehe Seite 53). Wer ein ausreichend großes Vermögen hat, kann sich die Risikostreuung eines bestimmten Index auch selbst zusammenstellen, indem er die enthaltenen Aktien anteilig kauft. Wegen der Mindestspesen beim Aktienkauf lohnt sich das, abgesehen vom Zeitaufwand, erst ab einem Anlagebetrag von deutlich mehr als 100 000 Euro.

Renditen in der Größenordnung von 8 bis 10 Prozent lassen sich auch mit Windkraftfonds erzielen. Je nach persönlicher Steuersituation kann das Ergebnis unterschiedlich ausfallen (siehe Seite 72). Dies gilt auch für Lebensversicherungen, die sich vor allem dann lohnen, wenn Sie Ihre steuerlich möglichen Sonderausgaben noch nicht ausgeschöpft haben. Dies ist am ehesten bei Selbstständigen der Fall. Die Rendite von Lebensversicherungen kann je nach Anbieter und zukünftiger Entwicklung bis zu circa 7 Prozent erreichen.

Die Verzinsung grüner Sparkonten, Sparbriefe und Festgelder liegt je nach Laufzeit und Anbieter zwischen 2 und 5 Prozent. Teilweise kommt die geringere Verzinsung den geförderten, oft gemeinnützigen Projekten in Form von besonders günstigen Krediten zugute.

Eine besondere originelle Rendite boten die von der Gemeinnützigen Treuhandstelle e.V. aufgelegten Landwirtschaftsfonds (siehe Seite 63). Hier ist die Verzinsung an einen Warenkorb mit Lebensmitteln aus ökologischer Landwirtschaft gekoppelt – und dadurch weitgehend inflationssicher.

Die besten Informationsquellen: So bleiben Sie auf dem Laufenden

Mit dem Boom des grünen Kapitalmarktes ist auch ein breites Medieninteresse erwacht. Interessierten Anlegern stehen daneben einige spezialisierte Informationsquellen zur Verfügung. Im Bereich der Printmedien ist vor allem der in Wien erscheinende Börsenbrief „Öko-Invest“ zu nennen. Öko-Invest informiert im Abstand von zwei Wochen über aktuelle Entwicklungen auf dem ökologischen Kapitalmarkt, führt ein grünes Musterdepot und veröffentlicht wichtige Termine. Auch die Zeitschrift „Öko-Test“ nimmt regelmäßig grüne Anlageangebote unter die Lupe.

Neben den papiernen Informationsquellen gibt es eine Reihe von nützlichen Adressen im Internet. Eine Adresse, die man unbedingt kennen sollte, ist die des Internet-Portals www.ecoreporter.de. Hier steht umfangreiches, journalistisch gut aufgearbeitetes Material kostenlos bereit. Ecoreporter.de gibt auch einen E-Mail-Newsletter heraus, einen kostenlosen Informationsbrief zur grünen Geldanlage. Wer ihn beziehen will, schickt einfach eine E-Mail mit der Bitte um Aufnahme in den Verteiler an info@ecoreporter.de.

Besonders nutzerfreundlich ist die passend zu diesem Buch eingerichtete Internetseite www.gruene-geldanlagen.de. Hier finden Sie unter anderem:

- eine laufend aktualisierte Top-100-Liste der wichtigsten grünen Anbieter,
- eine Übersicht der interessantesten grünen Aktien,
- eine Checkliste für Windkraftfonds-Beteiligungen,

- eine Übersicht über grüne Altersvorsorge-Angebote,
- die aktuelle „Grüne Warnliste".

Einige Anbieter geben Kundenzeitschriften heraus, die neben Informationen über die eigenen Angebote auch interessante redaktionelle Beiträge enthalten. Hier sind vor allem die Zeitschrift „Moneta" der Alternativen Bank Schweiz (ABS) und der „Bankspiegel" der GLS Gemeinschaftsbank eG zu nennen.

Einen ähnlichen Anspruch verfolgt die „Solarzeit" der S.A.G. Solarstrom AG, die in erster Linie über den Solarmarkt informiert.

Aktuelle Kurse grüner Aktien finden Sie unter www.ecoreporter.de.

Informationsquellen im Überblick

Printmedien

Öko-Invest, zweiwöchentlicher Börsendienst, Tel. (00 43-1) 31 56 96-0, www.oeko-invest.de

Öko-Test, Monatszeitschrift, Tel. (0 69) 9 77 77-0, www.oekotest.de

Politische Ökologie, Ausgabe 67/68, Schwerpunktthema: Aktie Grün, Tel. (0 89) 8 57 09-145, www.oekom.de

Internetadressen

www.gruene-geldanlagen.de: die 100 wichtigsten Anbieter im grünen Kapitalmarkt, die interessantesten grünen Aktien, Checkliste für Windkraftfonds, Altersvorsorge-Angebote, aktuelle „Grüne Warnliste".

www.ecoreporter.de: Portal mit journalistischen Informationen über grüne Geldanlagen, News, Berichten, Analysen, Diskussionsforum, Videos, E-Mail-Newsletter.

www.oeko-invest.de: Meldungen und Analysen zu grünen Kapitalanlagen, Berichte aus dem Öko-Invest-Börsenbrief, Natur-Aktien-Index.

www.kritische-aktionaere.de: Dachverband der Kritischen Aktionärinnen und Aktionäre (siehe Seite 33).

Die besten Kundenzeitschriften

Moneta, Kundenzeitschrift der Alternativen Bank Schweiz, Tel. (00 41-62) 9 22 91 56, www.abs.ch

Bankspiegel, Kundenzeitschrift der GLS Gemeinschaftsbank eG, Tel. (02 34) 57 97-0, www.gls.de

Solarzeit, Kundenzeitschrift der S.A.G. Solarstrom AG, Tel. (07 61) 40 00 02 03, www.solarstromag.de

Grauer Kapitalmarkt und schwarze Schafe: Wie Sie dubiose Angebote erkennen

1993 wurde die Wabag Wirtschaftsanalyse und Beratung AG gegründet. Ihr Geschäftsfeld war der Bau von Recyclinganlagen und Kraftwerken in strukturschwachen Gebieten in Ostdeutschland. 35 000 bis 40 000 Anleger hatten der Wabag Gelder anvertraut, als die Staatsanwaltschaft München im Januar 2000 deren Geschäftsräume in Oberhaching sowie bundesweit 74 weitere Objekte durchsuchen ließ. Der Verdacht: Über fingierte Provisions- und Beraterverträge seien mindestens 100 Millionen Euro veruntreut worden. Die Gelder, so die Staatsanwaltschaft, seien „nur in einem sehr geringen Umfang“ bei den Projekten angekommen.

Schwarze Schafe wie die Wabag gibt es überall. Deshalb ist auch bei grünen Geldanlagen ein gesundes Maß an Vorsicht geboten. Inzwischen gibt es eine Reihe von Möglichkeiten, sich über potenzielle Gefahren und dubiose Angebote zu informieren. Unter www.gruene-geldanlagen.de/warnliste sind alle verfügbaren Informationsquellen aufgeführt.

Die Verbraucherzentrale Berlin führt zum Beispiel eine „Schwarze Liste“, die auch den grünen Kapitalmarkt umfasst. Die Stiftung Warentest veröffentlicht in ihrer Zeitschrift „Finanztest“ regelmäßig eine Rubrik „Dubiose Angebote“, in der schon 1996 kritisch auf die Wabag hingewiesen wurde. Eine aktuelle Warnliste zum grauen Kapitalmarkt kann man bei Finanztest auch per Faxabruf beziehen.

Eine weitere Hilfe sind Checklisten, wie sie zum Beispiel die Verbraucherzentrale NRW in Kooperation mit dem Landeskriminalamt anbietet. Die Checkliste formuliert ganz konkrete Fragen, um erste Anhaltspunkte für die Seriosität von Angeboten sammeln zu können:

- Ist der Erstkontakt auf seriöse Weise zustande gekommen?
- Sind die Gewinnaussichten, die versprochen werden, realistisch oder ungewöhnlich hoch?

- Übt der Anbieter zeitlichen Druck aus?
- Gibt es detaillierte Informationen über Produkte und das Geschäftsfeld des Anbieters?
- Werden die Unternehmen und Projekte, in die investiert wird, vollständig veröffentlicht?
- Wird konkret und sachlich über die angestrebten Ziele informiert?
- Werden auch problematische Aspekte angesprochen?

Generell ist es ratsam, umfassende Informationen, Prospekte und Prospektgutachten anzufordern und sich vor Vertragsabschluss von Fachleuten, zum Beispiel Steuerberatern oder Wirtschaftsprüfern, beraten zu lassen.

Informationsquellen im Überblick

Grüne Warnliste: Übersicht über alle verfügbaren Informationsquellen, www.gruene-geldanlagen.de/warnliste

Verbraucherzentrale Berlin e.V.: Schwarze Liste, Tel. (0 30) 2 14 85-0, Beratungs-Hotline Geldanlage (0 19 08) 8 77 15 (circa 1,85 Euro pro Minute)

Stiftung Warentest: detaillierte und laufend aktualisierte Warnliste zu Angeboten des grauen Kapitalmarkts, circa 13 Seiten, Faxabruf unter (0 19 05) 10 01 08-614, circa 0,60 Euro pro Minute, www.warentest.de

Landeskriminalamt NRW: Checkliste für Geldanleger, www.lka.nrw.de/aktuell/geld.htm

Polizei NRW: Liste mit hilfreichen Links zum Thema Anlegerschutz, www.polizei.nrw.de/duesseldorf/schutz

Öko-Invest: Grau-Grüne Liste, Tel. (00 43-1) 31 56 96-0, www.oeko-invest.de

Direkter Anlegerschutz, Heinz Gerlach, Tel. (0 61 71) 6 37 00, www.anlegerschutz-check.de

Das Sustainability-Konzept: Auch Großkonzerne müssen nachhaltig wirtschaften

In den letzten zwei Jahren fallen am grünen Kapitalmarkt immer häufiger die Namen von Unternehmen, die man dort nicht erwartet: die Deutsche

Telekom, Sony oder Henkel. Denn die Produkte, die beispielsweise Henkel anbietet – von Klebstoffen bis zu Reinigungsmitteln – weisen das Unternehmen nicht auf den ersten Blick als ökologisch orientiert aus. Aber Henkel gehört zu den Pionieren von „Sustainability“, des Konzeptes einer nachhaltigen Wirtschaftsweise: Eine ausgewogene Balance zwischen Ökologie, Ökonomie und sozialem Engagement soll den wirtschaftlichen Erfolg und die Attraktivität des Unternehmens sichern.

Dieses neue unternehmerische Denken ist sehr zu begrüßen. Die Unterscheidung zwischen „guten“ Unternehmen, die ökologische Produkte herstellen, und dem großen „Rest“ der Wirtschaft beginnt sich aufzulösen. Das ist sinnvoll, denn schließlich können nicht alle Unternehmen Windkraftanlagen bauen. Es ist an der Zeit, das gesamte Wirtschaftssystem unter ökologischen Gesichtspunkten umzubauen. Es kann nicht mehr allein darum gehen, bestimmte ökologische (Nischen-)Produkte herzustellen, sondern darum, alle Produkte ökologisch herzustellen.

Immer mehr Unternehmen verpflichten sich mittlerweile zu einer nachhaltigen Wirtschaftsweise. Sie empfinden Umweltschutzauflagen nicht mehr nur als Bürde, die Kosten verursacht, sondern erkennen in ihnen beispielsweise einen Hinweis auf mangelnde Effizienz bei der Energienutzung.

In der heutigen Informationsgesellschaft macht es keinen Sinn mehr, darüber nachzudenken, wie Umwelt-Auflagen am besten umgangen werden können. Kein Unternehmen kann sich einen schlechten Ruf leisten, schon gar nicht, wenn seine Aktien an der Börse gehandelt werden.

Die neue Frage, die sich zunehmend mehr Unternehmen stellen, ist: Wie können ökologische und soziale Standards in eine zukunftsweisende Unternehmensstrategie integriert werden? Macht es nicht sogar Sinn, über die geforderten Auflagen hinauszugehen und eine führende Rolle auf dem Gesamtmarkt einzunehmen? So hält sich BMW zum Beispiel freiwillig an die strengen Schweizer Lärmnormen und demonstriert auf diese Weise Kompetenz beim Lösen von Umweltproblemen.

Wer heute als Manager lediglich auf möglichst schnellen Gewinn schielt, läuft Gefahr, sein Unternehmen zu verausgaben: seine Mitarbeiter, sein Image, seine ökologischen und sozialen Ressourcen und damit sein Entwicklungspotenzial für die Zukunft. Der heutige Primus in Sachen Gewinn kann morgen schon zu den „Sitzenbleibern“ gehören, weil er die langfristige Entwicklung des Unternehmens nicht im Auge behalten hat. Die Kriterien nachhaltigen Wirtschaftens sind vielfältig: Es soll moderne Technik entwickelt und genutzt werden, um die Umwelt zu schonen und den Energieverbrauch zu senken. Relativ hohe Gesundheits-Standards werden eingehalten. Es gibt Unternehmensbeauftragte für Umwelt- und Belegschaftsfragen. Darüber hinaus soll die Arbeit des Unternehmens in das soziale Umfeld integriert werden; Korruption und Geldwäsche sind zu bekämpfen. Die Öffentlichkeitsarbeit soll Erfolge und Misserfolge transparent machen, unter anderem durch das regelmäßige Herausgeben von Umwelt- und Sozialberichten.

Ob sich tatsächlich wesentliche Teile der Wirtschaft in dieser Weise umorientieren werden, bleibt abzuwarten. Erste Erfolge, wie beispielsweise die der SAM Sustainability Group, deuten darauf hin, dass der Trend in die richtige Richtung geht.

Die SAM Sustainability Group wurde 1995 in Zürich als unabhängiger Finanzdienstleister gegründet. Die Gruppe um den ehemaligen Bankanalysten Reto Ringger verfolgte das Ziel, einen auf das Kriterium der Nachhaltigkeit ausgerichteten Börsenindex zu schaffen. Dazu konnte die amerikanische Nachrichten- und Wirtschaftsagentur Dow Jones als Partner gewonnen werden. Der 1999 realisierte Dow Jones Sustainability Group Index (DJSGI) beruht auf dem Dow Jones Global Index, der die 2000 weltweit größten Aktiengesellschaften umfasst. In den DJSGI werden die Unternehmen aufgenommen, die im Hinblick auf nachhaltiges Wirtschaften führend sind. Inzwischen sind das über 200 Unternehmen aus mehr als 60 Branchen, die von der SAM Sustainability Group anhand von umfangreichen Fragebögen sowie der Jahres-, Umwelt- und Sozialberichte der Unternehmen ausgewählt werden.

Die überdurchschnittliche Kursentwicklung der in den Index aufgenommenen Aktiengesellschaften belegt zumindest, dass die Investoren Vertrauen in den Erfolg von Unternehmen haben, die langfristige Visionen und konkrete Strategien zur ihrer Umsetzung entwickeln. „In der Regel laufen die Aktien dieser Firmen an der Börse besser als die Papiere der Firmen, die keinen Wert auf Sustainability legen“, sagt Dow-Jones-Chef David Morgan. Das scheint Reto Ringgers Überzeugung zu stützen: „Je konsequenter ein Unternehmen ökologische und soziale Kriterien integriert, desto höher ist die Wettbewerbsfähigkeit und desto besser die Rendite.“

Die wichtigsten Aktien: grüne Aktienindizes und Indexfonds

Der wichtigste Aktienindex in Deutschland ist der in den Wirtschaftsnachrichten täglich genannte DAX, der Deutsche-Aktien-Index. Der DAX fasst die Kursentwicklung der 30 wichtigsten deutschen Aktiengesellschaften zusammen. Wie andere Aktienindizes ist der DAX ein wichtiger Indikator für die Gesamtverfassung des Marktes.

Eine der wichtigsten Entscheidungen bei der Definition von Aktienindizes ist die Auswahl der Aktien, die in den Index aufgenommen werden sollen. 1997 legte der österreichische Öko-Invest Verlag zusammen mit der Zeitschrift Natur einen konsequent umweltorientierten Index auf: den Natur-Aktien-Index (NAI, früher auch NAX genannt).

Der NAI ist als reiner Kurs-Index konzipiert. Im Gegensatz zu so genannten Performance-Indizes werden die zwischenzeitlich ausgezahlten Dividenden dem Index nicht hinzuaddiert. Auch wenn der NAI im deutschsprachigen Raum entstanden ist, enthält er 20 internationale Umweltaktien von ökologisch orientierten Unternehmen aus elf Ländern. Neben dem Positivkriterium „Ökologie“ gibt es Ausschlusskriterien: Aktiengesellschaften, die Menschenrechte verletzen oder in der Atom- oder Rüstungsindustrie tätig sind, werden nicht in den NAI aufgenommen.

Die Macher des NAI haben auch festgelegt, das drei Viertel der im Index enthaltenen Unternehmen langjährig am Markt sein und einen Jahresumsatz von über 50 Millionen Euro haben müssen. Daneben werden Unternehmen aus dem Index genommen, die voraussichtlich keine Gewinne erzielen werden. So gut gemeint dies auch ist, kann daher der Index nicht wirklich Aufschluss über die Gesamtverfassung des grünen Aktienmarktes geben. Eine weitere Unschärfe entsteht dadurch, dass alle aufgenommenen Unternehmen unabhängig von ihrer Marktkapitalisierung zu gleichen Teilen mit je 5 Prozent im NAI vertreten sind. Der NAI ist damit ein so genannter gleichgewichtiger Index. Von diesen Schwächen abgesehen ist der NAI eine hilfreiche Orientierung in der stürmischen Entwicklung des grünen Aktienmarktes.

Der NAI konnte seit seiner Gründung 1997 durchschnittlich um 25 Prozent pro Jahr zulegen. Allein im Jahr 2000 wies er ein Plus von knapp 50 Prozent auf. Die Kriterien, nach denen der NAI seine Titel auswählt, gelten als streng.

Ein weiterer Index, der sich auf den grünen Geldmarkt ausgerichtet hat, ist der bereits erwähnte Dow Jones Sustainability Group Index (DJSGI), der 1999 von der Züricher Firma SAM zusammen mit dem amerikanischen Index-Anbieter Dow Jones aufgelegt wurde. Seit 1995 prüften Experten von SAM 2000 Unternehmen aus dem Dow Jones Index. Sie wollten die 10 Prozent herausfiltern, die unter dem Gesichtspunkt der Nachhaltigkeit führend sind. Zur Bewertung der Entwicklung des DJSGI werden immer wieder Vergleichszahlen zum Dow Jones Index präsentiert, die bis 1993 zurückreichen. Da der DJSGI aber erst seit 1999 existiert, handelt es sich um zurückgerechnete Zahlen. Sie sind nur bedingt aussagekräftig, legen aber den Schluss nahe, dass der DJSGI in der Tendenz besser abschneidet als der Dow Jones Global Index.

In den USA gibt es eine lange Tradition ethischen Investments. So wundert es nicht, dass es dort zwei Indizes gibt, die Aktiengesellschaften aus dem konventionellen Aktienindex Standard & Poors 500 (S & P 500) nach ökologisch-sozialen Kriterien auswählen und zusammenfassen. Der Domini-Social-Index enthält die 400 größten US-Unternehmen, die für einen ökologisch-sozial investierenden Anleger infrage kommen. Nicht aufgenommen werden Firmen der Tabak-, Alkohol- und Glücksspiel-Industrie und Firmen, die ihr Geld mit Rüstung oder Kernenergie verdienen. Der andere amerikanische Index, der Citizens-Index, enthält 300 US-Aktien. Beide konnten in ihrer Wertentwicklung die Benchmark, also den Vergleichswert des S & P 500, teilweise deutlich übertreffen.

Erfolgreiche Indizes animieren zur Auflage von Indexfonds. Diese Fonds bilden mit ihrem Fondsvermögen einfach den zugrunde liegenden Index nach. Weil der Aufwand für Marktbeobachtung und Umschichtungen geringer ist als bei aktiv gemanagten Fonds, fallen bei Indexfonds in der Regel geringere Kosten in Form von Ausgabeaufschlägen oder jährlichen Verwaltungsgebühren an. Die hohen Kosten für das Management sind ein wesentlicher Grund dafür, dass die meisten konventionellen Investmentfonds sogar *unter* der Wertentwicklung der vergleichbaren Aktienindizes bleiben. Dies macht Indexfonds sehr attraktiv.

Gegenüber der Anlage in einzelne Aktien bieten Indexfonds eine bessere Risikostreuung und geringere Kursschwankungen. Indexfonds sind auch für Anleger gut geeignet, die sich nicht im Detail mit den einzelnen Aktienwerten beschäftigen wollen.

Im deutschsprachigen Raum gibt es einige grüne Indexfonds. Die meisten orientieren sich dabei an dem Sustainability-Konzept des DJSGI-Index. Zu nennen sind hier der Fürst Fugger Privatbank Sustainability Fonds, der SAM Sustainability Index Fonds, der SAM Sustainability Pionier Fonds sowie der Oppenheim Topic DJ Sustainability World Index.

Im April 2001 hat die Hamburger Firma Securvita einen Indexfonds auf den Markt gebracht, der ausschließlich in Werte des Natur-Aktien-Index investiert: den Fonds GreenEffects.

Eine Chronik ethisch-ökologischer Geldanlagen: von Quäkern, Dow Chemical und Anthroposophen

Der enorme Aufschwung grüner Geldanlagen in Deutschland ist ein Phänomen der letzten Jahre. Die Wurzeln des ethisch-ökologischen Investments liegen im angelsächsischen Raum und haben zunächst religiöse Hintergründe.

19. Jahrhundert	Die Pensionskassen einiger Quäker-Firmen in den USA und Großbritannien schließen Investitionen in Rüstungsfirmen aus.
1928	Mit dem „Pioneer Fund“ wird in den USA der erste Ethikfonds aufgelegt, der Unternehmen ausschließt, die mit Tabak, Alkohol und Glücksspiel Geld verdienen.
1969	Vor dem Hintergrund des Vietnam-Krieges kritisieren Aktionäre die Napalm-Produktion von Dow Chemical. Das gesunkene öffentliche Ansehen der Firma führt zu Problemen bei der Personalrekrutierung an den Universitäten.
1971	Der „Pax-World-Fund“ wird aufgelegt, der nur in Unternehmen investiert, die nicht in der Waffen- und Rüstungsindustrie aktiv sind.
1974	Die GLS Gemeinschaftsbank eG, die erste ethisch-ökologische Bank in Europa, wird gegründet.
1976	Vor dem Hintergrund der Schüleraufstände von Soweto entschließen sich immer mehr Banken in den USA, keine Kredite mehr an Südafrika zu vergeben.

1984	Die Freie Gemeinschaftsbank BCL in der Schweiz, wie die GLS-Bank anthroposophisch orientiert, wird gegründet.
1988	Die Frankfurter Ökobank eG entsteht nach heftigen Auseinandersetzungen mit den Bankenverbänden.
1989	Die BVT und die GLS Gemeinschaftsbank eG legen die ersten Windkraftfonds auf. Die Bank für Sozialwirtschaft und die BfG starten gemeinsam den ersten Umwelt-Investmentfonds im deutschsprachigen Raum.
1990	Die Alternative Bank Schweiz wird gegründet.
1992	Die Versiko bietet zusammen mit der Continentale Versicherung die erste fondsgebundene grüne Rentenversicherung an.
1994	Die Umweltbank AG wird gegründet. Die Skandia Lebensversicherungs AG bietet die erste fondsgebundene Kapital-Lebensversicherung an.
1997	Der Natur-Aktien-Index (NAI) startet.
1999	Mit dem SAM Sustainability Index Fonds wird der erste Nachhaltigkeits-Fonds aufgelegt. Mit dem UBS Brennstoffzellen-Zertifikat Nr. 1 kommt das erste grüne Aktienzertifikat auf den Markt.
2000	In der Zeit von 1998 bis 2000 steigen die Neuemissionen von grünen Aktien um 400 Prozent. In der gleichen Zeit werden im deutschsprachigen Raum mehr Umweltfonds aufgelegt als in den zehn vorhergehenden Jahren zusammen.
2001	Die Ökobank eG verliert ihre Selbstständigkeit. Mit Green Effects wird der erste Indexfonds aufgelegt, der sich am Natur-Aktien-Index orientiert.

„Die Alternativbanken können trotz ihrer geringen Größe wichtige Akzente setzen"

Interview mit Dr. Angelika Zahrnt

Dr. Angelika Zahrnt, Volkswirtin und Bundesvorsitzende des Bund für Umwelt und Naturschutz Deutschland (BUND)

Frau Dr. Zahrnt, wie schätzen Sie die Entwicklung des Marktes für grünes Investment ein?

Es wird immer deutlicher, dass Ökologie Langfristökonomie ist. Wirtschaftsverbände wie der BDI, die noch an einer konservativen Politik festhalten und die Kosten für den Umweltschutz einfach möglichst gering halten wollen, denken zu kurzfristig. Wenn die Perspektive nur noch bis zu den nächsten Quartalsgewinnen geht, kommt es zu Fehlleistungen in den Unternehmen und erst recht in der Gesellschaft. Es liegt eine große ökonomische Chance für unsere Wirtschaft darin, den Umweltschutzgedanken offensiv aufzugreifen, ihn in die Forschungspolitik zu integrieren, innovative Produkte zu entwickeln, weltweit Spitzenreiter auf diesem Gebiet zu werden und zu bleiben.

Denkt die Wirtschaft langsam um?

Ich sehe das so. Inzwischen treten viele Firmen auch öffentlich für eine umweltorientierte Steuerpolitik ein. Es zeigt sich immer deutlicher, dass hier umgedacht wird. Auch aus politischer Sicht ist es nötig, das herrschende Wirtschaftsparadigma infrage zu stellen. Alle Prognosen sagen, dass wir auch bei einem - völlig unrealistischen - Wirtschaftswachstum von dauerhaft drei, vier oder gar fünf Prozent nicht zur Lösung unseres Sozialproblems Nummer eins, der Arbeitslosigkeit, kommen. Wir müssen endlich erkennen, dass eine Ausrichtung des Arbeitens, Investierens und Anlegens auf reine Gewinnmaximierung unsere Probleme nicht lösen wird. Der rasanten Zerstörung der natürlichen Ressourcen oder der zunehmenden Vereinzelung und Entwurzelung der Menschen kann auf diesem Weg nicht nachhaltig begegnet werden.

Worauf kommt bei der weiteren Entwicklung besonders an?
Das Erneuerbare Energien Gesetz ist ein gutes Beispiel dafür, wie die Rahmenbedingungen gestaltet werden müssen, damit Anbieter im Bereich grüner Geldanlagen bessere Voraussetzungen haben, um angemessene Erträge zu erzielen. Auch Instrumente wie die ökologische Steuerreform, deren Zielsetzung es ja ist, die Energie- und Umweltkosten zu erhöhen und auf diese Weise eine Änderung der Preisrelation zwischen Arbeit und Umweltverbrauch herbeizuführen, sind dazu gut geeignet. Es muss gelingen, ökologisches Handeln auch aus ökonomischer Sicht interessant zu machen. Volkswirtschaftlich sinnvolles Verhalten muss sich rechnen.
Haben Umweltverbände wie der BUND eine Vorbildfunktion, was ökologische Geldanlage angeht?
Der BUND hat sicher eine Vorbildfunktion. Über große finanzielle Mittel, die angelegt werden könnten, verfügen wir allerdings nicht. Dennoch – wir können und müssen einiges tun, um die Rahmenbedingungen und das Klima für grüne Investitionen zu verbessern.
Hat der BUND schon Vorhaben im Bereich grüner Geldanlage unterstützt?
Der BUND engagiert sich schon seit Jahren für die Idee grüner Geldanlagen. Wir haben unter anderem einen Fonds für ökologische Landwirtschaft und das Projekt „Neue Städter braucht das Land“ unterstützt. Diese Projekte sind Teil der realen Wirtschaft, das ist das Spannende. Sie zeigen auf, dass es in der Welt auch andere Möglichkeiten gibt, mit Geld umzugehen. Die Rückbindung der Geldverwendung an konkrete Projekte – das ist in Zeiten zunehmender Anonymität das wirklich Zukunftsweisende.
Grüne Geldanlagen sind auf dem besten Weg aus der Nische. Welche Rolle spielen da noch die Pioniere der ersten Stunde wie die GLS-Bank oder die Alternative Bank Schweiz?
Die Alternativbanken können trotz ihrer geringen Größe weiter wichtige Akzente setzen, Neues befördern, guten Willen und Geld zusammenbringen. Entscheidend ist, dass es Banken gibt, die überhaupt einen Blick für das menschliche Potenzial haben, für die Kreativität, das Durchhaltevermögen der Projekte, die sie unterstützen. Innovationsfähigkeit hängt nicht von der Größe ab – eher im Gegenteil.

INNOVATIVE ANLAGEFORMEN

Coole Ideen fürs Klima: langfristige Rendite durch Wiederaufforstung

Jungpflanzen werden für die Aufforstung herangezogen

Wer Auto fährt, produziert das Treibhausgas Kohlendioxid. Ist die Abschaffung des Autos der einzige Ausweg, wenn man nicht zur weiteren Klimaerwärmung beitragen will? Nein, sagt der Verein Cool e.V. aus Bonn und rechnet vor, dass schon etwa 700 Quadratmeter neu gepflanzter Regenwald mit Bäumen und Unterholz innerhalb von 25 Jahren den CO_2-Ausstoß eines PKW binden können.

Wer will, kann so seinen Kohlendioxidausstoß neutralisieren. Dazu werden entwaldete Flächen in Panama wieder aufgeforstet. Neben dem

Umwelteffekt wird so die naturnahe Waldwirtschaft eines Entwicklungslandes gefördert. Für die Bepflanzung und anfängliche Betreuung der 700 Quadratmeter reichen 1000 Euro aus.

Wer mit seinem Engagement langfristig Geld verdienen will, dem bietet die Cool Corporation auch Beteiligungen an. Denn nach ungefähr 25 Jahren können die gepflanzten Bäume geerntet werden - natürlich nicht im Kahlschlag, sondern selektiv. Die gesamte Forstarbeit wird von Futuro Forestal, einem vom Weltwaldforstrat zertifizierten Unternehmen, fachgerecht durchgeführt. Nach der Nutzung wird der verbleibende Wald in die Obhut einer Naturschutz-Stiftung gegeben. Die Vermarktung der Edelhölzer kann nach Berechnungen von Cool nach 25 Jahren eine Rendite zwischen 7 und 12 Prozent pro Jahr erbringen.

Kontakt: Cool e.V., www.cool-co2.de, Telefon (02 28) 4 29 89 63

INNOVATIVE ANLAGEFORMEN

S-N-O-W und die e³-Idee: Spenden mit dreifachem Nutzen

Windkraftwerk und Lehmhaus in Drushnajua/Weißrussland

Global denken – lokal handeln, lautet eine bekannte Devise. Das Süd-Nord-Ost-West-Netzwerk (S-N-O-W e.V.) hat ihr mit der e³-Idee eine neue Perspektive gegeben. „Viel zu oft denken wir in Gegensätzen – Arbeit *oder* Umwelt, Umwelt *oder* Entwicklung. Mit dem e³-Prinzip lösen wir die Probleme im Einklang“, sagt der S-N-O-W-Vorsitzende Edgar Boes-Wenner.

Im nordrhein-westfälischen Geseke ist im April 2001 der Schneeball ins Rollen gebracht worden, als mithilfe von Initialspenden ein erstes Windkraftprojekt finanziert werden konnte. Die erwirtschafteten Erträge, im Laufe der Jahre circa 400 000 Euro, werden nicht ausgeschüttet, sondern erneut investiert: In Weißrussland und Indien sollen aus diesen Erträgen 10 bis 20 weitere Solar-, Windkraft- und Biogasanlagen entstehen.

Die Initialspenden schaffen so Energie für drei Erdregionen und haben gleichzeitig einen dreifachen Nutzen:

- für mehr Arbeit, denn die Spendengelder sind eine 100-prozentige Investition in die hiesige Windkraft,
- für die Umwelt, denn mit dem Geld wird 100-prozentig sauberer Strom produziert,
- und für eine nachhaltige globale Entwicklung, da der erwirtschaftete Ertrag Projekten in ärmeren Regionen der Welt zugute kommt.

Auch der Energieeffekt des gespendeten Geldes wird verdreifacht. Denn die Energieanlagen in Weißrussland und Indien werden noch einmal die doppelte Leistung der Windanlage von Geseke erbringen. Mit diesen weiteren 400 Kilowatt wird es möglich sein, bis zu 2000 Menschen in drei verschiedenen Regionen der Welt mit erneuerbaren Energien zu versorgen.

Kontakt: S-N-O-W-Netzwerk e.V., www.s-n-o-w.de, Telefon (02 51) 9 87 93 99

INNOVATIVE ANLAGEFORMEN

Fonds für ökologische Landwirtschaft: Es ist nicht das Geld, das uns satt macht

Der Boschenhof am Bodensee – eines von 30 beispielhaften Projekten des Landwirtschaftsfonds

Die nicht abreißende Flut von Skandal- und Katastrophenmeldungen aus der Landwirtschaft macht immer mehr Menschen bewusst, dass die Maxime des „Immer schneller, immer mehr“ eine fatale Sackgasse der industriellen Lebensmittelproduktion ist.

Die mit der GLS Gemeinschaftsbank eG kooperierende Gemeinnützige Treuhandstelle e.V. konzipierte deshalb eine neue Form der Geldanlage, die es Interessenten ermöglicht, konkret Verantwortung für die ökologische Landwirtschaft zu übernehmen, ohne gleich selbst zur Mistgabel greifen zu müssen.

Beteiligungen an den GTS-Landwirtschaftsfonds I und II wurden ab 2500 DM angeboten. Dafür erhalten die Fondszeichner einen jährlichen Ertrag, der sich an einem genau definierten Warenkorb aus ökologischem Anbau orientiert. Der Ertrag ist damit weitgehend inflationsneutral und ein Symbol dafür, dass es nicht das Geld ist, das uns satt macht. Daneben sind die Fondsanteile nicht vererbbar und dadurch erlischt auf lange Sicht die Schuld der beteiligten, allesamt gemeinnützigen Höfe.

Die 650 Fondszeichner werden regelmäßig über die Projekte informiert und über gewählte Treuhänder in die Vergabe und Verwaltung der Mittel einbezogen. Durch die Fonds konnten 30 beispielhafte Projekte des ökologischen Landbaus mit insgesamt 4,8 Millionen Mark finanziert werden. Ein Folgeprojekt ist geplant.

Kontakt: Gemeinnützige Treuhandstelle e.V., www.gls.de,
Telefon (02 34) 57 97-0 (siehe auch Seite 117)

DIE MASSGESCHNEIDERTE GELDANLAGE

Individuelle Anlageziele: die Basis für Ihre Entscheidungen

Wofür wollen Sie Geld zurücklegen? Das Spektrum der persönlichen Anlageziele ist weit gesteckt: der geplante Hauskauf, größere Anschaffungen, die Ausbildung der Kinder, die Altersvorsorge. Entsprechend unterschiedlich sind die Anforderungen an Ihre Anlageentscheidungen.

Bei der Altersvorsorge können Sie sehr langfristig disponieren und Ihr Kapital über viele Jahre binden. Wollen Sie beispielsweise in Aktien anlegen, spielen zwischenzeitliche Kurshochs und -tiefs keine entscheidende Rolle. Auch der beim Kauf von Investmentfonds fällige Ausgabeaufschlag fällt, auf viele Jahre verteilt, kaum ins Gewicht.

Ganz anders, wenn Sie über einen Zeitraum von zwei oder drei Jahren Geld für größere Anschaffungen zurücklegen. Dann sind Aktien aus Risiko- und Investmentfonds aus Kostengründen weniger zu empfehlen.

Planen Sie den Kauf einer Wohnung oder eines Hauses, ist der Zeitpunkt, an dem Sie Ihr Geld wieder flüssig haben müssen, im Vorhinein oft nicht abzusehen. Hier ist es wichtig, sich für Geldanlagen zu entscheiden, die Sie zum entscheidenden Zeitpunkt ohne große Kursrisiken und Kosten liquidieren, also wieder zu Geld machen können.

Ihr persönlicher Vermögensaufbau: zwölf wichtige Hinweise

Ein Buch kann keine persönliche Anlage- oder Vermögensberatung ersetzen. Aber auch auf grüne Angebote treffen die meisten Grundsätze zu, die sich für die Geldanlage im Allgemeinen bewährt haben. Folgende Hinweise sollten Sie deshalb beachten:

➤ Überlegen Sie, wofür Sie sparen: für bestimmte Anschaffungen, den Haus- oder Wohnungskauf, die Kinder, die zusätzliche Rente.

➤ Überziehungskredite sind teuer. Legen Sie Ihr Geld so an, dass Ihr Girokonto im schwarzen Bereich bleibt.

- Eine Faustregel für die Geldanlage: mindestens drei Monatseinkommen schnell verfügbar auf einem Sparkonto, als Tages- oder Festgeld; danach eine auf die persönlichen Sparziele abgestimmte Mischung aus mittel- und langfristigen Anlagen.
- Schätzen Sie realistisch ein, wie viel finanzielles Risiko Sie tragen können. Überschreiten Sie dieses für Sie akzeptable Verlustrisiko auch nicht, weil Sie sich davon eine höhere Rendite versprechen.
- Vor allem bei kleineren Vermögen gilt: Legen Sie nur einen begrenzten Teil in Anlageformen mit hohem Risiko (drei Blitze) wie Aktien oder Fonds an. Streuen Sie diesen Betrag möglichst auf mehrere Einzelwerte bzw. Anbieter.
- Je längerfristiger Sie in Aktien anlegen, desto weniger wird Ihr Anlageziel durch kurzfristige Kursschwankungen gefährdet. Kurzfristiges Kaufen und Verkaufen freut vor allem das Finanzamt (Spekulationssteuer) und die Banken (wegen der fälligen Gebühren).
- Außerbörsliche Aktien, so genannte Private Placements, sowie direkte Beteiligungen an Projekten und Unternehmen weisen in vielen Fällen besonders hohe Risiken auf.
- Windkraft- und Beteiligungsfonds sind steuerlich ideal für 50- bis 60-Jährige. Bedenken Sie, dass bei diesen Fonds in der Regel in den ersten Jahren nur eine geringe Ausschüttung erfolgt und ein Ausstieg vor dem Ende der Laufzeit wenig sinnvoll ist.
- Durch den Sparerfreibetrag können Sie erhebliche Summen steuerfrei anlegen. Machen Sie sich eine kleine Übersicht, welcher Bank Sie welche Freistellungsaufträge erteilt haben. Aktualisieren Sie diese Liste einmal jährlich.
- Wenn Sie den Sparerfreibetrag ausgeschöpft haben, sollten Sie verstärkt in Aktien, Aktienfonds und andere steuerfreie Anlagen investieren.
- Auch im grünen Kapitalmarkt gibt es schwarze Schafe. Prüfen Sie alle Angebote, vor allem Beteiligungsfonds, außerbörsliche Aktien und Direktbeteiligungen, und ziehen Sie dazu sachverständige Personen hinzu.
- Weder aufwendige Prospekte noch repräsentative Büroräume sind eine Gewähr für seriöse Anbieter. Besondere Vorsicht gilt bei telefonischen Erstkontakten, hohen Gewinnversprechen und Angeboten, bei denen Sie unter Zeitdruck gesetzt werden.

Vier Musterportfolios und ein Tipp für Einsteiger

Was zeichnet einen guten Anlageberater aus? Dass er Ihre und nicht seine eigenen Interessen im Kopf hat. Nehmen wir an, Sie möchten 10 000 Euro anlegen. Wenn Ihnen Ihr Anlageberater ohne weitere Rückfragen ein Angebot unterbreitet, gibt es zwei Möglichkeiten: Entweder er kennt Sie und Ihre finanzielle Situation bereits sehr genau – oder Sie haben es mit einem Verkäufer statt mit einem Berater zu tun.

Um zu illustrieren, wie unterschiedlich die Anlageempfehlungen abhängig von Ihrer individuellen Situation ausfallen können – und sollten, finden Sie hier vier Musterportfolios. Auch sie sind noch sehr schematisch, geben aber zumindest einen Anhaltspunkt für Ihre Anlageentscheidungen.

Musterportfolio 1: 10 000 Euro kurzfristig und sicher anlegen

Ausgangslage: Sie brauchen Ihr Geld relativ rasch zurück oder wollen Ihre Liquiditätsreserve (Faustregel: drei Monatseinkommen) anlegen.

Mögliche Anlageempfehlung:

5000 Euro Tagesgeld

5000 Euro Sparbuch

Entsprechende Angebote finden Sie ab Seite 77. Alternative zum Sparbuch: ein festverzinsliches Wertpapier mit passender Restlaufzeit. Erläuterungen zu den Bäumchen- und Blitz-Symbolen finden Sie auf den Seiten 39 und 43.

Musterportfolio 2: 10 000 Euro langfristig und sicher anlegen

Ausgangslage: Sie wollen Ihr Geld langfristig anlegen. Die Sicherheit steht an erster Stelle, aber die Rendite sollte nicht zu niedrig sein.

Mögliche Anlageempfehlung:

5000 Euro Sparbrief

5000 Euro Investmentfonds

Entsprechende Angebote finden Sie ab den Seiten 77 und 81.

Musterportfolio 3: 10 000 Euro langfristig und mit hoher Wirkung anlegen
Ausgangslage: Die Wirkung Ihrer Geldanlage ist Ihnen wichtig. Ihr Geld kann langfristig angelegt werden. Mit einem Teil des Geldes können Sie auch ein gewisses Risiko eingehen.

Mögliche Anlageempfehlung:

1000 Euro Genossenschaftsanteile oder Aktien einer grünen Bank 

4000 Euro Sparbriefe 

5000 Euro Beteiligungsfonds 

Entsprechende Angebote finden Sie auf den Seiten 77 und 104.

Musterportfolio 4: 10 000 Euro mittelfristig und renditeorientiert anlegen
Ausgangslage: Sie wollen Ihr Geld für ein bis vier Jahre anlegen, wollen höhere Erträge erzielen und sind bereit, Risiken einzugehen. Sie haben bereits andere Rücklagen gebildet.

Mögliche Anlageempfehlung:

4000 Euro Indexfonds 

6000 Euro Aktienzertifikate oder börsennotierte Aktien 

Einen Indexfonds finden Sie auf Seite 88, Aktienzertifikate ab Seite 92, verschiedene börsennotierte Aktien im Kapitel „Trendbranchen“ ab Seite 125. Streuen Sie den Aktienanteil auf mindestens drei Werte.

Ein Tipp für Einsteiger: 500 Euro zum Ausprobieren
Ausgangslage: Sie möchten grüne Geldanlagen erst einmal ausprobieren und einen kleineren Betrag investieren oder den Grundstein für das Sparkonto Ihrer Kinder und Enkelkinder legen.

Mögliche Anlageempfehlung in Deutschland und Österreich:

100 Euro Genossenschaftsanteil der GLS Gemeinschaftsbank eG 

400 Euro Sparkonto bei der GLS Gemeinschaftsbank eG 

Mögliche Anlageempfehlung in der Schweiz:

200 Schweizer Franken Aktien der Alternativen Bank Schweiz 

800 Schweizer Franken Sparkonto bei der Alternativen Bank Schweiz 

Warum diese Empfehlung? Die GLS Gemeinschaftsbank eG und die Alternative Bank Schweiz sind echte Pioniere grüner Geldanlagen. Deshalb werden die Genossenschaftanteile bzw. Aktien in dieser Tabelle in die höchste Wirkungsklasse eingestuft.

Beide Banken bringen Ihnen eine Vielzahl von interessanten Projekten nahe und informieren Sie über weitere Angebote. Die Kundenzeitschriften „Bankspiegel“ und „Moneta“ sind das Beste, was es derzeit im grünen Kapitalmarkt gibt.

Ihre Altersvorsorge: Welche Angebote sind wann sinnvoll?

Um Ihren Lebensstandard im Alter zu sichern, wird in Zukunft die gesetzliche Rentenversicherung nicht mehr ausreichen. Nur durch zusätzliche private Altersvorsorge können Sie Ihre Rentenlücke schließen. Je früher Sie damit beginnen, desto geringere Beträge reichen aus.

Mit einer Kapital-Lebensversicherung sind Sie auf der sicheren Seite, wenn auch die Erträge nicht ganz an die von Aktienanlagen heranreichen. Durch die auch für den Todesfall garantierte Kapitalsumme eignen sie sich vor allem dann, wenn Ihre Familie mit abgesichert werden soll. Eine Rentenversicherung verzichtet auf diesen Todesfallschutz und kann daher eine etwas bessere Verzinsung des eingesetzten Kapitals bieten. Fondsgebundene Lebensversicherungen sind eine Kombination zwischen Investmentfonds und Lebensversicherung.

Aktien und Aktienfonds haben bisher auf lange Sicht immer gute Erträge gebracht. Dies ist auch für die Zukunft zu erwarten, wenn auch nicht zu garantieren. Die Kursgewinne, die einen großen Teil der Erträge ausmachen, sind steuerfrei. Im Alter sollten Sie Aktien oder Aktienfonds nach und nach in festverzinsliche Papiere oder einen Auszahlplan umtauschen, um weniger von Kursschwankungen betroffen zu sein, wenn Sie die Erträge für Ihren Lebensunterhalt brauchen.

Windkraftfonds, bei denen die Haupterträge (und damit auch die Steuerbelastung) zehn bis zwanzig Jahre nach der Zeichnung anfallen, sind besonders geeignet für 55- bis 65-Jährige.

Auszahlpläne, wie sie beispielsweise die GLS Gemeinschaftsbank eG anbietet, dienen dazu, ein vorhandenes Kapital (zum Beispiel eine fällige Lebensversicherungssumme) nach und nach in monatlichen Beträgen zur Aufstockung der Rente aufzubrauchen. Der Nachteil ist, dass hier keine lebenslange Zahlung vereinbart werden kann. Eine Alternative ist die „Verrentung" des Kapitals durch eine Lebensversicherung.

Ab 1. Januar 2002 erfolgt in Deutschland die zusätzliche staatliche Förderung der privaten Altersvorsorge („Riester-Rente"). Bei Redaktionsschluss stand noch nicht fest, welche der grünen Anbieter diese Möglichkeit in ihre Angebote integrieren werden. Aktuelle Informationen finden Sie unter www.gruene-geldanlagen.de/altersvorsorge.

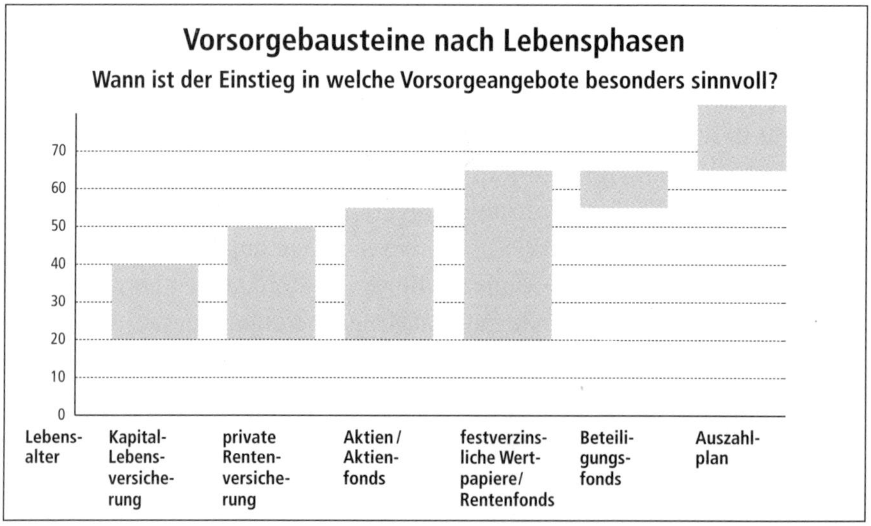

Die wichtigsten Steuerfragen: Was bleibt unter dem Strich?

Auch bei grünen Geldanlagen zählt, was unter dem Strich übrig bleibt. Also dann, wenn die Steuern bezahlt sind. Deshalb ist es ratsam, die wichtigsten Steuerregeln zu kennen.*

Sparkonten, Sparbriefe und Festgelder

Zinsen auf grüne Bankeinlagen müssen zwar normal als Kapitaleinkünfte versteuert werden, aber nur, wenn der Sparerfreibetrag von 1550 Euro pro Person überschritten wird. Hinzu kommt eine so genannte Werbungskostenpauschale von 51 Euro pro Person.

Konkret bedeutet dies: Verheiratete können bei einer Verzinsung von drei Prozent circa 106 000 Euro steuerfrei zum Beispiel in Form von Sparkonten, Sparbriefen und Festgeldern anlegen. Bei einer Verzinsung von fünf Prozent sind es immerhin noch 64 000 Euro. Für Singles halbieren sich die Angaben. Auch jedes Kind kann für *seine* Zinseinkünfte Sparerfreibetrag und Werbungskostenpauschale in Anspruch nehmen.

Sparerfreibetrag richtig einsetzen

Um den Sparerfreibetrag zu nutzen, müssen Sie bei Ihrer Bank einen so genannten Freistellungsauftrag unterschreiben. Haben Sie Geld bei mehreren Banken, müssen Sie den Freibetrag von 1550 Euro aufteilen. Schummeln lohnt nicht, da die Angaben von den Finanzbehörden kontrolliert werden. Legen Sie sich eine kleine Übersicht an und kontrollieren Sie regelmäßig, ob die Verteilung des Freibetrages noch sinnvoll ist.

Der Freistellungsauftrag muss der Bank zum Zeitpunkt der Zinsgutschrift vorliegen. Sonst bleibt nur der Weg, sich die von der Bank abgeführte Zinssteuer bei der Einkommensteuererklärung zurückzuholen.

Aktien, festverzinsliche Wertpapiere und Investmentfonds

Kursgewinne aus grünen Aktien, festverzinslichen Wertpapieren oder Investmentfondsanteilen, die innerhalb eines Jahres realisiert werden (Spekulationsgewinne), müssen versteuert werden, wenn sie eine gesonderte

**Alle steuerlichen Angaben in diesem Buch beziehen sich auf die Situation in Deutschland.*

Frei*grenze* von 512 Euro pro Person und Jahr übersteigen. Anders als bei einem Freibetrag müssen die Kursgewinne vom ersten Euro an versteuert werden, wenn die Freigrenze überschritten wird.

Hält man seine Börsenpapiere nach dem Kauf länger als ein Jahr im Depot, sind die Kursgewinne steuerfrei. Ausgeschüttete Dividenden und Zinsen müssen allerdings zusammen mit den Zinsen aus Bankeinlagen versteuert werden, wenn sie den Sparerfreibetrag übersteigen.

Beteiligungsfonds

Beteiligungen an so genannten geschlossenen Fonds, wie zum Beispiel an Windkraftfonds, gelten noch immer als eine klassische Möglichkeit, Steuern zu sparen. Während beim Sparerfreibetrag und bei Kursgewinnen bestimmte Einkünfte ganz steuerfrei gestellt werden, wird jedoch bei diesen Beteiligungen lediglich zu versteuerndes Einkommen in die Zukunft geschoben. Konkret bedeutet dies:

In der Zeit der Vorbereitung, des Baus und der Inbetriebnahme von Windparks fallen Verluste an. Solche Verluste aus einer Fondsbeteiligung können bis zu 51 129 Euro pro Jahr und Person mit anderen Einkünften verrechnet werden. Dies kann die zu zahlende Steuer zunächst erheblich mindern. Später müssen aber die anfallenden Erträge versteuert werden. Über die gesamte Laufzeit gesehen muss die Beteiligung Gewinn abwerfen - nicht nur, damit das Finanzamt die Anfangsverluste steuerlich anerkennt, sondern auch, weil die Geldanlage sonst keinen Sinn macht.

Eine solche Beteiligung ist dann steuerlich vorteilhaft, wenn man in der anfänglichen Verlustphase einen hohen und in der späteren Ertragsphase einen geringeren Steuersatz hat. Zum Beispiel, weil man dann in Rente gegangen ist und ein niedrigeres Einkommen hat.

Sich in jungen Jahren an Windkraftfonds zu beteiligen, kann dagegen steuerlich gesehen Nachteile bringen. Denn dann fallen die Verlustzuweisungen zu einem Zeitpunkt an, in dem man eine relativ geringe Steuerlast hat. Bei später gestiegenem Einkommen und höherem Steuersatz muss man die Erträge aus der Fondsbeteiligung dann zusätzlich mit versteuern.

Lebensversicherungen

Grüne Lebensversicherungen sind steuerlich unter zwei Gesichtspunkten interessant. Zum einen können die Versicherungsbeiträge als Sonderausgaben abgesetzt werden. Bei Angestellten sind die entsprechenden Vorsorgebeträge jedoch meist durch die gesetzliche Sozialversicherung ausgeschöpft, sodass dies vor allem für Selbstständige infrage kommt. Zum anderen sind die Erträge aus Lebensversicherungen steuerfrei. Allerdings ist etwas Geduld erforderlich, denn die Mindestlaufzeit von zwölf Jahren und eine Beitragzahlungsdauer von mindestens fünf Jahren müssen eingehalten werden.

Bei der neuen staatlichen Förderung der privaten Altersvorsorge („Riester-Rente“) ist dies anders: Hier muss der Ertrag komplett versteuert werden.

Änderungen durch die Steuerreform

Neben der geplanten Senkung der Steuersätze – im Jahr 2005 soll der Spitzensteuersatz nicht mehr 51, sondern nur noch 43 Prozent betragen – soll im Jahr 2002 das so genannte Halbeinkünfteverfahren eingeführt werden. Es sieht vor, dass Dividenden aus Aktiengeschäften nur noch zur Hälfte nach dem persönlichen Steuersatz versteuert werden müssen. Auch die innerhalb der Ein-Jahres-Frist realisierten Spekulationsgewinne sind dann nur noch zur Hälfte steuerpflichtig.

Das Modell Niederlande

Für den grünen Kapitalmarkt wäre eine Regelung wünschenswert, wie sie in den Niederlanden in Kraft ist. Seit 1995 werden dort Investitionen in grüne Geldanlagen steuerlich besonders gefördert. Anleger haben bei Investitionen in grüne Fonds zurzeit einen Steuervorteil, der die Rendite um insgesamt 2,5 Prozent verbessert. Was ein grüner Fonds ist, regelt das holländische Steuergesetz. Unter anderem sind die Fonds verpflichtet, 70 Prozent ihres Volumens in grüne Projekte zu investieren. Die Erfüllung der Kriterien überprüfen das Umwelt- und das Landwirtschaftsministerium. Ende 2000 hatten die entsprechenden Fonds in den Niederlanden ein Gesamtvolumen von circa 2,3 Milliarden Euro erreicht.

Spenden steuerlich absetzen

Wollen Sie ökologische oder soziale Vorhaben durch Spenden oder Schenkungen unterstützen, können Sie diese von Ihrem zu versteuernden Einkommen abziehen.

Welchen Anteil der Spende erhalten Sie vom Finanzamt zurück? Bei einem zu versteuernden Einkommen von beispielsweise 40 000 Euro haben Sie als Lediger einen Grenzsteuersatz von circa 40 Prozent, als gemeinsam veranlagtes Ehepaar von circa 30 Prozent. Auf den letzten verdienten Euro zahlen Sie deshalb 40 bzw. 30 Cent Steuern. Genau diesen Anteil erhalten Sie auf Ihre Spende zurück. Der Solidaritätszuschlag ist in diesen Angaben enthalten.

Der Abzug von Spenden an gemeinnützige Organisationen ist auf 5 Prozent Ihrer jährlichen Einkünfte begrenzt. Einige Hinweise zur neuen steuerlichen Regelung bei Stiftungen finden Sie auf Seite 76.

Steuervorteile als Verkaufsargumente für „windige" Geldanlagen

Steuern zu sparen hat eine gewisse Faszination. Dies wissen auch die Anbieter dubioser Geldanlagen und Fonds. Seien Sie deshalb besonders kritisch, wenn Sie den Anbieter nicht kennen und die Möglichkeit des Steuersparens in den Vordergrund gestellt wird.

Erben und vererben: Ein Testament macht Sinn

Statistiker schätzen den Wert des privaten Geldvermögens in Deutschland auf rund 3,5 Billionen Euro. In den nächsten Jahrzehnten werden große Teile dieser Vermögen von der Vorkriegsgeneration auf die heute 40- bis 50-Jährigen übergehen.

Gedanken an den eigenen Tod schiebt man gerne von sich weg. Dennoch ist es spätestens in der zweiten Lebenshälfte ratsam ein Testament zu machen, um verbindlich zu regeln, was mit dem erwirtschafteten Vermögen nach dem Tod geschehen soll – nicht zuletzt, um Erbstreitigkeiten zu vermeiden.

Für den Fall, dass kein Testament vorliegt, sieht das Bürgerliche Gesetzbuch vor, dass in erster Linie der Ehepartner und die Kinder bzw.

Enkel erben. In zweiter Linie kommen Eltern, Geschwister, Nichten und Neffen als Erben in Betracht. Wenn keine Verwandten auffindbar sind, fällt das Geld dem Staat zu. Im Detail bleiben jedoch ohne testamentarische Verfügung viele Fragen offen – auch, ob die so geschaffenen Verhältnisse dem Willen des Erblassers entsprechen.

Im Testament kann man festlegen, wer als Erbe eingesetzt und wem ein so genanntes Vermächtnis zugedacht wird. Ein eigenhändig verfasstes Testament muss vom ersten bis zum letzten Wort handschriftlich aufgesetzt und unterschrieben sein, sonst ist es ungültig. Wenn mehrere Testamente vorliegen, hat das zuletzt verfasste Gültigkeit. Das Testament sollte daher Ort und Datum tragen. Wer sicher sein will, dass ihm kein Fehler unterläuft, kann ein notarielles Testament errichten. Die anfallenden Gebühren werden von den Vorteilen weit aufgewogen: kompetente Beratung, juristische Eindeutigkeit der Regelungen, sichere Aufbewahrung des Dokuments.

Auch steuerliche Gesichtspunkte sollten bei der Gestaltung eines Testaments nicht unbeachtet bleiben. Ehepartner können einen Freibetrag von 300 000 Euro geltend machen; für Kinder bleiben 200 000 Euro, für Enkel, Eltern und Großeltern 50 000 Euro steuerfrei. Geschwister und andere Verwandte können einen Freibetrag von 10 000 Euro geltend machen, alle übrigen Erben 5000 Euro. Durch vorzeitige Schenkungen zu Lebzeiten können zusätzliche Beträge steuerfrei übertragen werden.

Der Übergang enormer Werte auf die nächste Generation kann auch unter ethisch-ökologischen Gesichtspunkten sinnvoll gestaltet werden. Denn das wichtigste Erbe, das wir hinterlassen können, ist die Bewohnbarkeit der Erde (siehe das Interview mit Carl Amery auf Seite 29).

Neben der Möglichkeit, einer gemeinnützige Organisation einen bestimmten Betrag zu vermachen (Vermächtnis), besteht die Möglichkeit, schon zu Lebzeiten oder für den Todesfall eine Stiftung mit sozialen oder ökologischen Zielen ins Leben zu rufen.

Weitere Informationen

Stiftung Warentest: Ratgeber Erben und Vererben, Tel. (0 30) 2631-0

Greenpeace e.V.: Das Testament, Tel. (0 40) 3 06 18-2 34

Gemeinnützige Treuhandstelle e.V.: Über den Tod hinaus. Ratgeber Schenkungen und Testamente, Tel. (02 34) 57 97-0

Stiftungen: eine moderne Form der Vermögenssicherung

Angesichts der immensen ökologischen und sozialen Herausforderungen und knapper öffentlicher Mittel übernehmen privat initiierte Stiftungen zunehmend gesellschaftliche Verantwortung. In den 1980er-Jahren wurden in Deutschland jährlich 150 Stiftungen gegründet. Der Bundesverband Deutscher Stiftungen geht davon aus, dass sich diese Zahl inzwischen mehr als verdoppelt hat.

Stiftungen sind eine Möglichkeit, Kapital in sinnvolles Handeln umzuwandeln, ohne dass sich das zugrunde liegende Vermögen erschöpft. Das Ziel der Stiftung wird dabei durch den Stifter bestimmt. Zu bedenken ist dabei, ob man die Stiftung mit einem Kapital ausstatten kann, das zur Erreichung des Stiftungszweckes ernsthaft beitragen kann. Wer zu der Vielzahl von Stiftungen nicht noch eine weitere hinzufügen will oder über weniger große Summen verfügt, kann sich auch bei bestehenden Stiftungen als Zustifter engagieren.

Stiftungen können nicht nur aus dem Erbe, sondern schon zu Lebzeiten gegründet werden. Für viele Menschen, die diesen Schritt gegangen sind, hat sich die aktive Teilnahme an der Stiftungsarbeit als große Bereicherung erwiesen. Auch wenn der Stifter die Stiftungsarbeit ganz oder teilweise delegiert, kann er dennoch miterleben, was sein Geld bewirkt, und Einfluss auf die anfängliche Entwicklung der Stiftung nehmen.

Die Gründung einer Stiftung zu Lebzeiten bringt auch erhebliche Steuervorteile. Seit der Stiftungssteuerreform im Frühjahr 2000 können Sie unter anderem bei der Stiftungsgründung einmalig oder über zehn Jahre verteilt 300 000 Euro als Sonderausgaben von Ihrem zu versteuernden Einkommen abziehen und so je nach Einkommen bis zu circa 50 Prozent vom Finanzamt zurückbekommen.

Sie sollten allerdings erst über die Gründung einer Stiftung nachdenken, wenn Sie Ihre Altersvorsorge gesichert haben. Kurz gesagt: Sie müssen das Geld tatsächlich übrig haben. Denn das Stiftungskapital steht für eine persönliche Verwendung nicht mehr zur Verfügung. Drei Adressen von Vermögens- und Stiftungsberatungen finden Sie auf Seite 117.

Weitere Informationen erhalten Sie vom Bundesverband Deutscher Stiftungen, Tel. (0 30) 89 79 47, www.stiftungen.org.

DIE 50 WICHTIGSTEN ANBIETER

Um Ihnen die Übersicht über den grünen Kapitalmarkt zu erleichtern, finden Sie hier die 50 wichtigsten Anbieter im deutschsprachigen Raum, sortiert nach Anlageformen. Die Auswahl der Anbieter erfolgte in erster Linie nach dem erreichten Bilanz- oder Fondsvolumen.

Weitere Angebote finden Sie in der laufend aktualisierten Top 100-Liste der wichtigsten grünen Anbieter im Internet unter www.gruene-geldanlagen.de. Einzelne grüne Aktien finden Sie bei den Trendbranchen ab Seite 125. Auch hier gibt es im Internet unter www.gruene-geldanlagen.de/aktien eine umfangreichere Übersicht, die wiederzugeben den Umfang des Buches sprengen würde.

Breite Angebotspalette in Grün: vier Banken

Vor allem seit den 1980er-Jahren haben die grünen Banken die Diskussion über eine nachhaltige Entwicklung wesentlich vorangebracht. Viele tausend Projekte konnten finanziert und wesentliche Impulse zum Beispiel für den ökologischen Landbau und die regenerativen Energien gegeben werden. Grüne Banken stellen ihre gesamte Produktpalette auf ökologische und soziale Kriterien ab und versuchen, Transparenz hinsichtlich der Vergabe ihrer Kredite herzustellen.

Trotz vieler Gemeinsamkeiten gibt es deutliche Unterschiede in der Philosophie und Unternehmenspolitik. Einerseits gibt es zwei Banken mit einem anthroposophischen Hintergrund, die GLS Gemeinschaftsbank eG in Deutschland und die Freie Gemeinschaftsbank in der Schweiz. Andererseits die Alternative Bank Schweiz AG und die mittlerweile nicht mehr selbstständige Ökobank eG, die aus der Tradition der Anti-Atom- und Friedensbewegung der 1970er-Jahre entstanden sind. Weniger an eine weltanschauliche Tradition gebunden ist die Umweltbank AG.

Allen grünen Banken ist gemeinsam, dass sie im Vergleich zu herkömmlichen Banken sehr klein sind. Die Bilanzsummen der GLS Gemeinschaftsbank oder der Umweltbank bewegen sich in der Größenordnung von wenigen Hundert Millionen Euro. Im Vergleich zur Bilanzsumme der Deutschen Bank von 940 Milliarden Euro sind das „Peanuts“. Es ist erstaunlich, welche Wirkung die grünen Banken mit diesen geringen Mitteln erreichen konnten.

GLS Gemeinschaftsbank

Die 1974 gegründete GLS Gemeinschaftsbank eG arbeitet nicht gewinnorientiert. Als eingetragene Genossenschaft hat sie circa 11 500 Mitglieder, die auf eine Dividendenzahlung auf ihre Genossenschaftsanteile verzichten. Neben der Hauptstelle in Bochum gibt es Filialen in Hamburg und Stuttgart. Zurzeit finanziert die GLS Gemeinschaftsbank eG über 1400 ökologische und soziale Projekte in ganz Deutschland. Gemeinnützige Initiativen müssen bei der GLS-Bank teilweise anstelle von Zinsen nur

Passivhäuser sind Super-Energiesparer. Sie kommen mit einem Zehntel der Heizenergie eines konventionellen Neubaus aus. Torsten Wähner aus Chemnitz hat sein Solarhaus besonders gut isoliert und verzichtet ganz auf eine Heizung. Finanziert hat er sein Haus über die Umweltbank AG, die den Bau von Ökohäusern bundesweit mit etwas günstigeren Konditionen unterstützt.

eine kostendeckende Kreditumlage von derzeit rund 4 Prozent pro Jahr bezahlen. Wählt ein GLS-Einlagenkunde eine geringere Verzinsung seiner Geldanlage, kommt jeder Euro Zinsersparnis diesen gemeinnützigen Kreditnehmern zugute.

Über die klassischen Bankangebote hinaus bietet die GLS Gemeinschaftsbank eG ein breites Spektrum von Finanzdienstleistungen: von der individuellen Vermögensberatung über Beteiligungsfonds bis zur Gestaltung von Schenkungen, Sondervermögen und Testamenten. Die GLS Gemeinschafsbank eG arbeitet eng mit der Gemeinnützigen Treuhandstelle e. V. und der GLS Beteiligungs AG zusammen.

Umweltbank

Die in Nürnberg beheimatete Umweltbank AG ist als Direktbank tätig. Angeboten werden neben Bankeinlagen auch grüne Investmentfonds, Windkraftfonds und einige grüne Aktien. Im Bereich der gewerblichen und privaten Finanzierungen konzentriert sich die Bank auf Vorhaben mit ökologischen Aspekten.

Die Umweltbank will Ökologie und gute Konditionen für Anleger und Kreditnehmer miteinander verbinden. Als Direktbank spart sie die Aufwendungen für Schalterhallen und Filialen. Die eingesparten Kosten sollen in Form von guten Konditionen direkt an die Kunden weitergegeben werden. Tatsächlich sind die Zinsvorteile für ökologische Projekte jedoch minimal. Die Umweltbank ist mittlerweile börsennotiert.

Alternative Bank Schweiz

Solidarische Problemlösungen, die Gleichberechtigung von Frau und Mann, die Befriedigung der menschlichen Grundbedürfnisse und die Erhaltung der natürlichen Umwelt stehen im Zentrum der Arbeit der Alternativen Bank Schweiz (ABS) mit Sitz in Olten. Sie will Alternativen zur herrschenden ökonomischen Logik aufzeigen. Die Bank bietet eine breite Palette von Anlagemöglichkeiten an.

Freie Gemeinschaftsbank BCL

Auch die Freie Gemeinschaftsbank (BCL) in Basel zählt auf solidarisches Handeln von Menschen, die ihr Vermögen für sinnvolle Projekte einsetzen wollen. Wie die ABS zahlt sie in der Regel marktübliche Zinserträge und

Grüne Banken

Erläuterungen zu den Symbolen finden Sie auf den Seiten 39 und 43

Anbieter	Alternative Bank Schweiz ABS	Freie Gemeinschafts-bank BCL	GLS Gemeinschafts-bank eG	Umwelt-bank AG
Adresse	Leberngasse 17 CH-4601 Olten Tel. 00 41-62-2 06 16-16 contact@abs.ch	Gerbergasse 30 CH-4051 Basel Tel. 00 41-61-2 69 81 00 info@gemein-schaftsbank.ch	Oskar-Hoffmann-Str. 25 D-44789 Bochum Tel. 02 34-57 97-0 bochum@gls.de	Laufertorgraben 6 D-90489 Nürnberg Tel. 09 11-53 08-1 23 service@umwelt bank.de
Internet	www.abs.ch	www.gemein-schaftsbank.ch	www.gls.de	www.umwelt-bank.de
Kurzprofil	Arbeitet nach strengen Anlage- und Kreditrichtlinien, veröffentlicht alle bewilligten Kredite	Finanziert gemeinnützige und der Allgemeinheit dienende Projekte durch zinsgünstige Kredite	Versucht, durch innovative Projekte verändernd in die Gesellschaft einzugreifen	Direkt- und Beraterbank, finanziert ausschließlich umweltfreundliche Projekte
Gründungsjahr	1990	1984	1974	1997
Bilanzsumme	292 Mio. Euro*	86 Mio. Euro*	189 Mio. Euro	212 Mio. Euro
Girokonten für Privatpersonen	ja	ja	nein	nein
Bankanlagen	Einlage-, Spar- und Vorsorgekonten, Förder-Kassenobligationen, Spezialfinanzierungen	Einlage- und Anlagekonto, Kontokorrentkonto, Initiativkonto, Förderkonto, Dritte Säule (Altersvorsorge)	GLS-Sparkonten, GLS-Sparbriefe, GLS-Rücklagen-konto, Grüne Konten	UmweltPluskonto, UmweltSparbuch, Wachstumssparen, UmweltSparbrief, UmweltSparvertrag
Vermittlung von Beteiligungs-fonds	nein	nein	Windkraftfonds u. a.	Windkraftfonds
Handel von Aktien	nur die eigenen ABS-Aktien	nein	nein	derzeit vier verschiedene Aktien
Handel von Investmentfonds	in Vorbereitung	nein	nein	ÖkoLux, ÖkoRent, OekoSar, ValueSar
Besonderheiten	Transparenz, Kreditvergabe anhand von Positiv- und Negativkriterien		Transparenz und Verwendungsorientierung, persönliche Beratung, arbeitet nicht gewinnorientiert	Ökologische Produktgarantie, regelmäßige Kontrollen

Quelle: Informationen der Anbieter, Zahlenangaben per 31. Dezember 2000, Stand: Mai 2001
**Angabe in Schweizer Franken, umgerechnet in Euro*

bietet verschiedene Kontenformen an, darunter auch spezielle Lösungen für die Altersvorsorge. Eine Besonderheit ist die Vermittlung von Direktbeteiligungen an ausgewählten und besonders förderungswürdigen Unternehmen und Projekten.

Ein Wort zur Ökobank

Die Ökobank eG verstand sich seit ihrer Gründung als grundlegende Alternative zu den üblichen Banken. „Kein Geld für Atomkraft und Rüstung" – das hatte sie auf ihre Fahnen geschrieben. Als Universalbank wollte sie ihren Kunden fast alle gängigen Bankleistungen anbieten. Eine große Rolle spielten Förderprodukte, bei denen ein reduzierter Zins ganz oder teilweise an alternative Projekte weitergegeben wurde. Nach einem mehrjährigen Gründungsprozess, der gegen erheblichen Widerstand des Bank-Establishments erfolgte, und einer schwierigen Anfangsphase schien sich die Bank etablieren zu können. Der Ausfall von drei großen Kreditengagements führte im Zusammenhang mit einer zu ehrgeizigen Wachstumspolitik zu erheblichen Verlusten, die die Bank ihre Selbstständigkeit kosteten. Mitte 2001 war noch nicht klar, ob eine andere Bank die Einlagen und Kredite der Ökobank übernehmen und deren Idee fortführen wird.

Weniger Risiko im Paket: vierzehn Investmentfonds

Investmentfonds investieren das Geld der Anleger gebündelt in Aktien, in festverzinsliche Wertpapiere (Rentenfonds) oder beides (Mischfonds). Sie sind eine relativ bequeme Form der Geldanlage; die Streuung auf viele Einzelwerte verringert das Risiko. Die Fondsanteile können an jedem Börsentag ge- und verkauft werden. Die Dividenden- und Zinserträge werden jährlich ausgeschüttet (ausschüttende Fonds) oder automatisch wieder neu angelegt (thesaurierende Fonds).

Die Bequemlichkeit der Investmentfonds hat jedoch auch ihren Preis: Es fallen beim Kauf zunächst die so genannten Ausgabeaufschläge an, die bis zu 5 Prozent und mehr betragen. Das heißt: Wenn Sie einen Gewinn erwirtschaften wollen, muss der Fonds erst einmal um circa 5 Prozent im Kurs steigen. Dies macht deutlich, dass sich Investmentfonds nicht für kurzfristige Geldanlagen eignen. Der Ausgabeaufschlag erklärt auch die verschiedenen Kursangaben bei Investmentfonds. Der so genannte Ausgabepreis entspricht dem Rücknahmepreis plus Ausgabeaufschlag. Billiger als bei Banken erhält man Fondsanteile bei Discount-Brokern oder Fonds-Shops, die aber meist wenig oder gar keine Beratung anbieten.

Daneben werden jährliche Depot- und Verwaltungsgebühren fällig. Auch bei den Verwaltungsgebühren, in der Fachsprache „management fee" genannt, gibt es eine erhebliche Spannbreite zwischen 0,7 Prozent und 2 Prozent pro Jahr. Hier lohnt sich ein kritischer Vergleich der Angebote (siehe Tabellen ab Seite 87).

Die Mindestanlagesummen für Investmentfonds liegen zwischen 500 und 5000 Euro. Für monatliche Beiträge liegen die Mindestsummen zwischen 50 und 150 Euro; teilweise wird auch eine Ersteinlage verlangt.

Grüne Investmentfonds

Das Ursprungsland der ethischen Investmentfonds sind die USA. Bereits 1928 wurde mit dem „Pioneer Fund" der erste Ethikfonds aufgelegt. Dieser vermied den Kauf von Aktien von Unternehmen, die ihre Einnahmen mit Tabak, Alkohol und Glücksspiel erwirtschaften. Später kam Südafrika mit seiner Apartheid-Politik als Tabuthema dazu. Eine Gruppe von Methodisten gründete 1970 in New Hampshire den „Pax World Fund", der nicht in Rüstungsfirmen investierte. Zwei Jahre später folgte das alteingesessene New Yorker Investmenthaus Dreyfus mit dem „Third Century Fund".

Nach Angaben des Bundesverbandes Deutscher Investment Gesellschaften e.V. (BVI) waren Mitte 2000 in Deutschland insgesamt über 1600 Publikumsfonds mit einem Fondsvermögen von weit über 400 Milliarden Euro zum Handel zugelassen.

Im deutschsprachigen Raum waren bis 1998 zwölf grüne Investmentfonds aufgelegt worden. Bis Ende 2000 kamen neun weitere hinzu. Ende 2000 hatten die Umweltfonds ein Gesamtvolumen von circa 1,5 Milliarden Euro erreicht – immer noch wenig im Vergleich zum Gesamtmarkt, aber doch eine Steigerung um 400 Prozent innerhalb von zwei Jahren.

Die 14 wichtigsten Investmentfonds finden Sie in der folgenden Übersicht. Zu allen 21 Fonds finden Sie im Internet unter www.gruene-geldanlagen.de/investmentfonds weitere Informationen und aktuelle Renditeübersichten.

Aktienfonds

Focus Umwelttechnologie Fonds

Der von von der Invesco Fondsservice GmbH aufgelegte Fonds investiert weltweit in Unternehmen, die Beiträge zum Umweltschutz leisten. Der Fonds muss mit mindestens 51 Prozent des Anlagevermögens in börsennotierten Umweltwerten investiert sein, die mehr als 50 Prozent ihres Umsatzes oder Ertrages mit Leistungen im Umweltbereich erzielen.

Das 1972 gegründete norwegische Unternehmen Tomra Systems, in das unter anderem der grüne Investmentfonds Ökovision investiert hat, ist der weltweit führende Anbieter von Automaten und Systemen zur Leergutrücknahme. Bis Ende des Jahres 2000 hatte Tomra rund 29 000 Rücknahmeautomaten in Europa und 7000 in den USA installiert. Tomra ist seit 1997 im Natur-Aktien-Index (NAI) vertreten.

Ökovision

Der von der Ökorenta AG ursprünglich mit der Ökobank eG aufgelegte Fonds Ökovision favorisiert kleinere und mittlere Unternehmen, die im Umwelt- und Sozialbereich Pionierleistungen erbringen und die sich langfristig über nationale und internationale Standards hinaus engagieren. Der Fonds wird von der Schweizer Bank Sarasin & Cie gemanagt. Ihre Entscheidungen trifft sie im Rahmen der Vorgaben eines unabhängigen Anlageausschusses.

Global Sector Fund Water

Der Global Sector Fund Water investiert in Aktien, die zu mindestens 20 Prozent im Wasserversorgungssektor tätig sind. Der Schwerpunkt bei diesem von der Pictet Funds GmbH aufgelegten Fonds liegt in der Unterstützung von Wasserversorgungs-, Aufbereitungs- und Schadstoffentsorgungsunternehmen.

SEB Invest ÖkoLux

Der Fonds SEB Invest ÖkoLux wird von der SEB Invest GmbH (früher: BfG Luxinvest GmbH) aufgelegt und investiert weltweit in Unternehmen, die im Hinblick auf Umwelt- und Sozialverträglichkeit Vorbildliches leisten. Die Unternehmen werden in einem fünfstufigen Auswahlverfahren geprüft. Unerwünschte Branchen werden durch eine umfassende Negativliste ausgeschlossen.

GreenEffects

Der von der Securvita Versicherungsmakler GmbH aufgelegte Fonds GreenEffects bildet den Natur-Aktien-Index (NAI) nach. Investiert wird ausschließlich in die Unternehmen, die im NAI vertreten sind und nach dessen Positiv- und Negativkriterien überprüft sind. Alle 20 Aktien des NAI sind mit einem Anteil von je 5 Prozent im Fonds vertreten (siehe hierzu auch Seite 53).

Storebrand Principal Global Fund

Der von der norwegischen Versicherung Storebrand ASA und der US-Vermögensverwaltung Scudder betriebene Storebrand Principal Global Fund stützt sich auf das Öko-Effizienz-Konzept und wählt innerhalb verschiedener Branchen die jeweils besten Titel aus. Die Auswahl der Aktien wird von einem unabhängigen Auswahlgremium durchgeführt.

Swissca Green Invest

Der Fonds Swissca Green Invest wurde von der Fondsgesellschaft der Schweizer Kantonalbanken (Swissca Holding AG) in Zusammenarbeit mit dem Schweizer World Wide Fund for Nature (WWF) konzipiert. Er orientiert sich am MSCI World Index und investiert weltweit in Unternehmen, die innerhalb ihrer Branche zu den Umweltleadern gehören.

UBS Equity Eco Performance

Der von der Schweizer Großbank UBS AG aufgelegte UBS Equity Eco Performance-Fonds investiert in Aktien von Firmen, die durch ökologische Leistung ihr ökonomisches Potenzial nachhaltig verbessern. Dabei kommen so genannte Öko-Leader und Öko-Innovatoren infrage. Die geographische Verteilung orientiert sich am MSCI World Index.

Der Investmentfonds SEB Invest Ökolux hat unter anderem Aktien der Solarworld AG in seinem Bestand. Solarworld forscht und entwickelt, produziert und handelt mit Produkten zur solaren Stromerzeugung. Die Bonner Firma ist auf dem Weg zum ersten vollständig integrierten Solarstromunternehmen der Welt. Mit der Tochtergesellschaft Windwelt AG ist die Solarworld AG auch in der Planung, im Bau und Betrieb anderer regenerativer Kraftwerke tätig.

Nachhaltigkeitsfonds

Siehe hierzu auch Seite 50.

Credit Suisse Fund (LUX) Global Sustainability

Der bereits 1990 unter dem Namen CS Equity Fund Eco Efficiency von der Schweizer Bank Credit Suisse aufgelegte Fonds investiert in Aktien von Gesellschaften, die nachweislich dem Prinzip der Nachhaltigkeit Rechnung tragen. Die enthaltenen Titel werden nach den Kriterien der SAM Sustainability Group ausgewählt.

SAM Sustainability Index Fonds

Der von der Züricher SAM Sustainability Group aufgelegte Fonds legt nur in Aktien von Firmen an, welche die Sustainable-Kriterien erfüllen. Ein eigenes Researchteam definiert diese Nachhaltigkeitskriterien. Der Fonds orientiert sich am Dow Jones Sustainablility Group Index (DJSGI).

ValueSar Equity

Auch der Fonds ValueSar Equity, der von der Fondsgesellschaft der Schweizer Bank Sarasin & Cie aufgelegt wird, legt in Aktien von Unternehmen an, die einen Beitrag zu einer nachhaltigen Wirtschaftsweise leisten. Dabei wird in die Branchenführer investiert, welche umweltgerechtes und sozialverträgliches Management als strategische Chance nutzen.

Renten- und Mischfonds

SEB Invest ÖkoRent

Der von der SEB Invest GmbH (früher: BfG Luxinvest) aufgelegte Fonds investiert in Anleihen von vorbildlich umwelt- und sozialverträglichen Unternehmen. Wie beim SEB Invest ÖkoLux werden die Unternehmen auf ihre Umwelt- und Sozialverträglichkeit geprüft.

Prime Value

Der von der österreichischen Dr. Höller Vermögensverwaltung AG aufgelegte Fonds Prime Value investiert weltweit in Aktien und Anleihen mit hoher ökonomischer wie ethischer Qualität. Der Fonds wird durch ein interdisziplinäres Ethik-Komitee kontrolliert.

OekoSar Portfolio

Der 1994 gegründete Mischfonds der Bank Sarasin investiert in Aktien, Anleihen und liquide Mittel. Die Unternehmen werden nach einer Lebenszyklusanalyse beurteilt, die die absolute Nachhaltigkeit der Unternehmenstätigkeit berücksichtigt.

Aktienfonds

Erläuterungen zu den Symbolen finden Sie auf den Seiten 39 und 43

	INVESCO	ÖKOVISION	PICTET FUNDS 1805
Anbieter	**Invesco Fondsservice GmbH**	**ÖkoRenta AG**	**Pictet Funds GmbH**
Adresse	Bleichstraße 60–62 D-60313 Frankfurt Tel. (0 69) 2 98 07-8 00 info@fra.invesco.com	Düsseldorfer Str. 38 D-40721 Hilden Tel. (0 21 03) 94 57-0 info@oekorenta.de	Guiollettstr. 34 D-60325 Frankfurt Tel. (0 69) 7 95 00-9 50 ebenzschawel@pictet.com
Internet	www.de.invesco.com	www.oekorenta.de	www.pictet.com
Name des Fonds	**Focus Umwelttechnologie Fonds Invesco**	**Ökovision**	**Global Sector Fund Water**
Fondsart	Umwelttechnologiefonds	Ethik- und Öko-Pionier-Fonds	Umwelttechnologiefonds
WKN	847047	974968	933349
Anlagepolitik	Technologien, die signifikant zur Vermeidung und Reduktion von Umweltbelastungen beitragen	innovative kleinere und mittlere Unternehmen, die sich über nationale und internationale Standards hinaus engagieren	Unternehmen im Wasser- und Luftsektor
seit	1990	1996	2000
Fondsvolumen	59,15 Mio. Euro	90,8 Mio. Euro	256,8 Mio. Euro
Wertentwicklung 1Jahr / 3 Jahre	95,3 % / 89,9 %	42,8 % / 53,4 %	20,3 % / entfällt
Ausgabeaufschlag	4,5 %	5 %	max. 5 %
Verwaltungsgebühr	1,25 % p. a.	1,8 % p. a.	1,5 % p. a.
Hauptbranchen	Alternative Energien, Maschinenbau, Umwelt, Wasseraufbereitung, Recycling	Elektronische Komponenten, Konsum und Gesundheit, Energieanlagen	Ausrüstungen, Wasserversorgung/-aufbereitung, Schadstoffentsorgung und Recycling
wichtigste Einzelwerte	Vestas 5,3 %, Solarworld 4,8 %, Calpine Corp. 4,4 %	Fannie Mae 4,1 %, Tomra 3,4 %, Astropower 3,2 %	Suez-Lyonnaise 8 %, Millipore 7,6 %, Vivendi Environ. 5,7 %
Besonderheiten		Externer, unabhängiger Anlageausschuss	

Aktienfonds

	SEB Invest	GreenEffects Der Fonds zum Natur-Aktien-Index	Storebrand FOND · BANK · FORSIKRING
Anbieter	**SEB Invest GmbH**	**Securvita Versicherungsmakler GmbH**	**Storebrand ASA**
Adresse	Ben-Gurion-Ring 158–162 D-60437 Frankfurt a. M. Tel. (0 69) 9 50 23-222 info@seb-invest.de	Große Elbstr. 39 D-22767 Hamburg Tel. (0 40) 38 60 80-0 info@securvita.de	Filipstad Brygge 1 N-0114 Oslo Tel. (00 47) 81 05 90 00 mail@storebrand.no
Internet	www.seb-invest.de	www.greeneffects.de	www.storebrand.no
Name des Fonds	**SEB Invest ÖkoLux**	**GreenEffects**	**Storebrand Principal Global Fund**
Fondsart	Öko-Leader- und Ethikfonds	Indexfonds	Öko-Leader und Ethikfonds
WKN	971898	580265	355862
Anlagepolitik	vorbildlich umwelt- und sozialverträgliche Unternehmen mit hohen Gewinnchancen	basiert auf dem Natur-Aktien-Index (NAI)	Unternehmen, die hohe Rendite mit höchsten sozialen Ansprüchen verbinden
seit	1992	2000	1996
Fondsvolumen	83 Mio. Euro	10 Mio. Euro	141,5 Mio. Euro (per 30. 6. 2000)
Wertentwicklung 1 Jahr / 3 Jahre	16,3 % / 51,8 %	keine Angabe / entfällt	3,4 % / 83,3 % (per 30. 6. 2000)
Ausgabeaufschlag	4,5 %	4 %	5 %
Verwaltungsgebühr	1,5 % p. a.	1,0 % p. a.	2 % p. a.
Hauptbranchen	Alternative Energien, Telekommunikation, Wasserver- und -entsorgung	alle 20 Werte aus dem NAI	keine Angabe
wichtigste Einzelwerte	Umweltkontor 4,7 %, Solarworld 3,5 %, Vestas 2,9 %	alle 20 NAI-Werte zu je 5 % enthalten	keine Angabe
Besonderheiten	Interner Anlageausschuss		Unabhängiges Auswahlgremium, permanente Unternehmenskontrollen

Aktienfonds

	Swissca Investmentfonds	UBS Warburg
Anbieter	**Swissca Fonds**	**UBS Equity Fund Management**
Adresse	Schwanengasse 2 CH-3001 Bern Tel. (00 41-12) 29 90-20 www. swissca.com/fondsinfo.com	Postfach CH-4002 Basel Tel. (00 41-61) 2 88 20 20 www.ubs.ch/contact
Internet	www.swissca.com	www.ubs.ch
Name des Fonds	**Swissca Green Invest**	**UBS Equity Eco Performance**
Fondsart	Öko-Leader- Fonds	Öko-Pionier- Fonds
WKN	921135	987076
Anlagepolitik	Branchen- und Länder- gewichtung orientiert am MSCI World Index	ökologische Branchenleader
seit	1998	1997
Fondsvolumen	171,6 Mio. Euro *	223 Mio. Euro *
Wertentwicklung 1Jahr / 3 Jahre	27,5 % / minus 9,3 %	1,7 % / 53,6 %
Ausgabeaufschlag	max. 5 %	keine Angabe
Verwaltungsgebühr	1,8 % p. a.	2,0 % p. a.
Hauptbranchen	Industrie, Technologie, Kommunikation	Energie, Rohwaren, Kapitalgüter
wichtigste Einzelwerte	Banc of America 5,5 %, IBM 3,8 %, Umweltkontor 3,2 %	Bristol Meyers 4,1 %, Johnson & Johnson 3,9 %, 3M 3,0 %
Besonderheiten	Externer Beirat, permanente Unternehmens- kontrollen	Externer Beirat, permanente Unternehmens- kontrollen

Quelle: Informationen der Anbieter, Zahlenangaben per 31. Dezember 2000, Stand: Mai 2001
** Angaben in Schweizer Franken, auf Euro umgerechnet*

Nachhaltigkeitsfonds

	CREDIT SUISSE ASSET MANAGEMENT	sam sustainable asset management	SARASIN INVESTMENTFONDS
Anbieter	**Credit Suisse Asset Management**	**SAM SICAV**	**Sarasin Investmentfonds SICAV**
Adresse	Uetlibergstr. 231 CH-8070 Zürich Tel. (00 41) 8 44 80 08 44 fund.gateway@csam.com	Zollikerstrasse 60 CH-8702 Zollikon-Zürich Tel. (00 41-1) 3 97 10 10 info@sam-group.com	Postfach CH-4002 Basel Tel. (00 41-61) 2 77-75 62 info@sarasin.ch
Internet	www.creditsuisse.ch	www.sam-group.com	www.sarasin.ch
Name des Fonds	**Credit Suisse Fund (Lux) Global Sustainability**	**SAM Sustainability Index Fonds**	**ValueSar Equity**
Fondsart	Öko-Leader-Fonds	Öko-Leader-Fonds	Öko-Leader- und Ethikfonds
WKN	974278	926178	921125
Anlagepolitik	Finanz- und Nachhaltigkeitsanalyse der direkten und indirekten Auswirkungen auf die Umwelt	Unternehmen, die im Dow Jones Sustainable Group Index enthalten sind	Lebenszyklusanalyse, berücksichtigt auch die absolute Nachhaltigkeit der Unternehmenstätigkeit
seit	1990	1999	1999
Fondsvolumen	63 Mio. Euro	62.9 Mio. Euro	69 Mio. Euro
Wertentwicklung 1Jahr / 3 Jahre	keine Angabe	minus 12,9 % / entfällt	19,1 % / entfällt
Ausgabeaufschlag	5 %	max. 5 %	5 %
Verwaltungsgebühr	1,9 % p. a.	1 % p. a.	1,8 % p. a.
Hauptbranchen	keine Angabe	Gesundheit, IT, Finanzdienstleistungen	Kapitalgüter, Dienstleistungen, Konsumgüter
wichtigste Einzelwerte	keine Angabe	Pfizer 5,7 %, Nokia 4,1 %, Intel 3,8 %	Fannie Mae 3 %, ING-Bank 3 %, IBM 2,7 %
Besonderheiten	Unabhängiges Auswahlgremium, permanente Unternehmenskontrollen	Indexfonds, permanente Unternehmenskontrollen	Interdisziplinärer, beratender Beirat, permanente Unternehmenskontrollen

Quelle: Informationen der Anbieter, Zahlenangaben per 31. Dezember 2000, Stand: Mai 2001

Renten- und Mischfonds ϟ bis ϟϟ

	SEB Invest	DR. HÖLLER VERMÖGENSBERATUNG G.m.b.H ZÜRICH	SARASIN INVESTMENTFONDS
Anbieter	**SEB Invest GmbH**	**Dr. Hoeller Vermögens-verwaltung AG**	**Sarasin Investment-fonds SICAV**
Adresse	Ben-Gurion-Ring 158–162 D-60437 Frankfurt a. M. Tel. (0 69) 9 50 23-222 info@seb-invest.de	Talstr. 58 CH-8039 Zürich Tel. (00 41-12) 01 81 00 hoellerhvag@access.ch	Postfach CH-4002 Basel Tel. (0041-61) 2 77-75 62 info@sarasin.ch
Internet	www.seb-invest.de	www.hoeller.ch	www.sarasin.ch
Name des Fonds	**SEB Invest ÖkoRent**	**Prime Value**	**OekoSar Portfolio**
Fondsart	Rentenfonds	Mischfonds	Mischfonds
WKN	971297	986054	973502
Anlagepolitik	Anleihen von vorbildlich umwelt- und sozialverträglichen Unternehmen	Anleihen und Aktien von Firmen mit hohen ethischen Grundsätzen	Lebenszyklusanalyse, berücksichtigt auch die absolute Nachhaltigkeit der Unternehmens-tätigkeit
seit	1989	1996	1994
Fondsvolumen	33,7 Mio. Euro	37,6 Mio. Euro	184 Mio. Euro
Wertentwicklung 1 Jahr / 3 Jahre	8,4 % / 27 %	10,2 % / 8,9 %	19,2 % / 38,3 %
Ausgabeaufschlag	3 %	max. 5 %	5%
Verwaltungsgebühr	0,7 % p. a.	1,1 % p. a.	1,8 % p. a.
Hauptbranchen	keine Angabe	Technologien, nicht-zyklische Konsumgüter, Medien	keine Angabe
wichtigste Einzelwerte	Hauptwährungen: Euro 52,4 %, US-Dollar 36,9 %, Britische Pfund 7,5 %	Coca-Cola 4,1 %, Merril Lynch 4,1 %, Deutsche Bahn 3,3 %	DtA 4,3 %, Deutschland 3,9 %, Schweden 3,3 %
Besonderheiten	Interner Anlage-ausschuss	Interdisziplinäres Ethik-Komitee, permanente Unternehmenskontrollen	Interdisziplinärer, beratender Beirat, permanente Unter-nehmenskontrollen

Quelle: Informationen der Anbieter, Zahlenangaben per 31. Dezember 2000, Stand: Mai 2001

Die Guten ins Körbchen: sechs Aktienzertifikate

Seit 1999 gibt es die ersten grünen Aktienzertifikate. Dies sind börsennotierte Schuldverschreibungen von Banken auf einen Korb („basket") besonders aussichtsreicher Aktien. Der Wert des Korbes schwankt mit den Kursen der darin enthaltenen Aktien. Aktienzertifikate haben in der Regel eine feste Laufzeit von meist drei bis fünf Jahre. Während dieser Laufzeit können sie jederzeit ge- oder verkauft werden.

Statt auf die Aktie eines einzelnen Unternehmens zu setzen, hat der Anleger so die Möglichkeit, am Erfolg einer bestimmten Branche oder Gruppe von Unternehmen teilzunehmen. Ähnlich wie bei Investmentfonds wird so das Anlagerisiko gestreut.

Aktienzertifikate sind eine interessante Anlagealternative zu gemanagten Investmentfonds. Zum einen fällt kein Ausgabeaufschlag, sondern nur eine geringere Handelsspanne, die „Geld-/Brief-Spanne" an. Auch die Verwaltungsgebühren sind geringer.

Aktienzertifikate werden anders als Investmentfonds nicht umgeschichtet. Der Anleger kennt daher die genaue Zusammensetzung des Korbes, die während der Laufzeit nicht variiert. Allerdings können stark fallende Kurse einzelner Unternehmen den Kurs eines Zertifikates belasten, ohne dass diese Entwicklung durch Verkäufe gebremst werden kann.

Im Gegensatz zu Investmentfonds müssen Zertifikate keine langwierigen Genehmigungsverfahren durchlaufen. Sie können relativ schnell aufgelegt und an den Markt gebracht werden. Daher sind sie für die Emissionshäuser ein Instrument, um schnell neue Markt-Entwicklungen aufzugreifen, denen ein gutes Zukunftswachstum prognostiziert wird. Kritiker verweisen jedoch darauf, dass in der Vergangenheit oft Zertifikate für boomende Branchen aufgelegt wurden, kurz bevor diese ihren Zenit überschritten hatten.

In den Jahren 1999 und 2000 wurden zehn grüne Aktienzertifikate auf den Markt gebracht. Das Gesamtemissionsvolumen dieser Aktienzertifikate betrug damals etwa 1000 Millionen DM, das sind ungefähr 500 Millionen Euro.

New Energy Zertifikat

Das Themenzertifikat New Energy wurde von der niederländischen ABN AMRO Bank emittiert und beinhaltet 16 Unternehmen aus dem Bereich alternativer Energiegewinnung und Energieeffizienz. Die enthaltenen Unternehmen wurden nach ihrer Innovationskraft und Positionierung im Bereich alternativer Energiegewinnung ausgewählt.

Wasser Zertifikat

Neue, innovative Technologien bei der Trinkwassergewinnung werden eine immer größere Rolle spielen. Die BNP Paribas Emissionsgesellschaft geht davon aus, dass Wasser der Rohstoff des 21. Jahrhunderts sein wird und setzt auf Aktien von elf internationalen Unternehmen, die im Bereich Wasser und Wasseraufbereitung arbeiten.

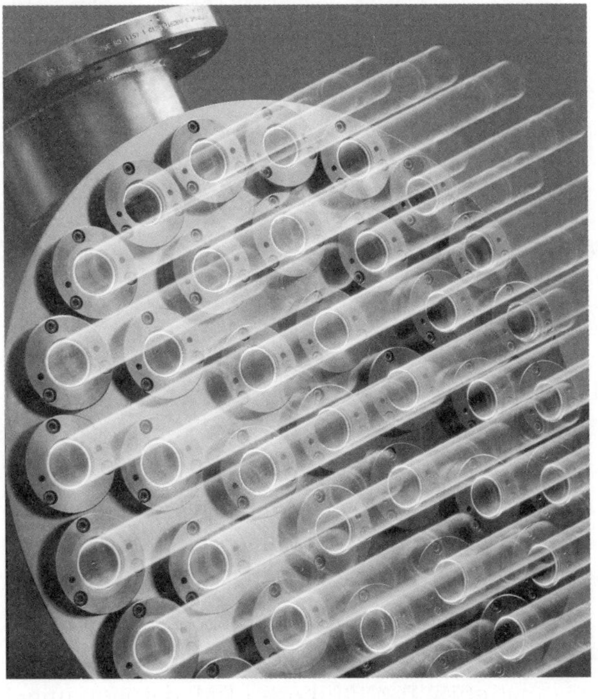

Einer der Werte im Aktienkorb des BNP Paribas-Wasser-Zertifikates ist die Wedeco AG. Die Wedeco AG produziert und vermarktet umweltfreundliche Wasserbehandlungssysteme, die mittels UV-Strahlung Trink-, Haushalts- und Industriewasser reinigen und desinfizieren. Rund 35 000 UV-Systeme befinden sich weltweit im Einsatz.

Die erste mit Solarpanels ausgestattete Tankstelle in Bayern hat die BP Amoco AG in München eröffnet. 200 Tankstellen, davon 18 in Deutschland, sollen in den nächsten Jahren mit 20-Kilowatt-Solarpanels ausgerüstet werden. Die BP Amoco AG, die im Dow Jones Sustainability Group Index vertreten ist, ist in den Aktienzertifikaten Global Trend Stars, dem EKK Global Ethic Zertifikat und im New Energy Zertifikat enthalten.

EKK Global Ethic Zertifikat

Das EKK Global Ethic Zertifikat ist von der Evangelischen Kreditgenossenschaft Kassel (EKK) zusammengestellt worden. Die darin enthaltenen Unternehmen erfüllen die Kriterien der Nachhaltigkeit und Zukunftsfähigkeit. Bei der Klassifizierung von Nachhaltigkeit wurde zusätzlich auf Aspekte wie Mindestlohnstandards und die Vermeidung von Kinderarbeit geachtet.

Global Trend Stars

Das von der GZ-Bank emittierte Global Trend Stars Zertifikat setzt auf Aktien von Unternehmen, die nach Kriterien wie Markt- und Technologieführerschaft, herausragender Markenname sowie nachhaltige Unternehmensstrategie ausgewählt worden sind.

Fuel Cell 2

Die Investmentbank UBS Warburg AG hat mit Fuel Cell 2 ein zweites Brennstoffzellen-Technologie-Zertifikat emittiert. Das zweite Aktienzertifikat unterscheidet sich von seinem Vorgänger dadurch, dass es zehn statt acht Aktien zusammenfasst. Außerdem ist der kanadische Marktführer Ballard Power Systems nicht mehr zu 46 Prozent, sondern nur noch zu 20 Prozent vertreten, wodurch der Korb weniger von der Entwicklung dieses einen Unternehmens abhängig ist.

Future Energy

Ein weiteres Zertifikat der UBS Warburg AG ist Future Energy, das darauf setzt, dass die zunehmende Verknappung der Rohstoffreserven und der steigende Ölpreis die erneuerbaren Energien zu einem stark wachsenden Marktsegment machen werden. Das Zertifikat bündelt zwölf Werte der Branchen Gas/Wasserstoff, Energietechnik und Energiesysteme.

Aktienzertifikate

Anbieter	**ABN AMRO Bank N.V.**	**BNP Paribas EHG**	**GZ-Bank AG**
Adresse	Mainzer Landstraße 65 D-60329 Frankfurt a. M. Tel. (0 69) 2 69 00-9 00 aktienprodukte@de.	Mainzer Landstr. 16 D-60325 Frankfurt a. M. Tel. (0 69) 71 93-23 10 wts.info@bnpparibas.com	Bockenheimer Anlage 46 D-60322 Frankfurt a. M. Tel. (0 69) 71 39-0 info@gz-bank.de
Internet	www.abn-amro.de	www.warrants. bnpparibas.com	www.gz-bank.de
Name des Zertifikats	**New Energy Zertifikat**	**Wasser Zertifikat**	**EKK Global Ethic Zertifikat**
WKN	558360	754282	809531
Kurzprofil	Unternehmen im Bereich neuer Energien	Unternehmen im Wachstumsmarkt Wasser	Aktien aus dem Dow Jones Sustainability Index
Auflagedatum/ Laufzeitende	28. 9. 2000 / 26. 9. 2005	1. 9. 2000 / 1. 9. 2003	14. 4. 2000 / 19. 4. 2010
Emissionspreis	100 Euro	100 Euro	100 Euro
Durchschnittliche Wertentwicklung seit Auflage	keine Angabe	10 %	minus 20 %
Ausgabeaufschlag	nein	nein	nein
Geld/Briefspanne	2,5 %	2 %	2 %
Hauptbranchen	Erdgas, Energieeffizienz, Neue Energien	Wasser	Zukunftstechnologien
wichtigste Einzelwerte bei Ausgabe	Enron 12 %, BP Amoco 8 %, Calpine 8 %	Aguas de Barcelona, American Water Works, Nestlé u. a. (je 10 %)	Credit Suisse Group (k. A.), BP Amoco (k. A.),

Aktienzertifikate

	GZ-Bank	UBS Warburg	UBS Warburg
Anbieter	**GZ-Bank AG**	**UBS Warburg AG**	**UBS Warburg AG**
Adresse	Bockenheimer Anlage 46 D-60322 Frankfurt a. M. Tel. (0 69) 71 39-0 info@gz-bank.de	Stephanstr. 4–16 D-60313 Frankfurt a. M. Tel. (0 69) 13 69-89 89 hotline@ubswarburg.de	Ulmenstr. 30 D-60325 Frankfurt a. M. Tel. (0 69) 13 69-89 89 hotline@ubswarburg.de
Internet	www.gz-bank.de	www.ubswarburg.com/ keyinvest	www.ubswarburg.com/ keyinvest
Name des Zertifikats	**Global Trend Stars**	**Fuel Cell 2**	**Future Energy**
WKN	809530	936373	578926
Kurzprofil	Aktien aus dem Dow Jones Sustainability Index	zehn Unternehmen, die in der Brennstoffzellen-Technologie engagiert sind	Unternehmen, die im Bereich von regenerativen Energien investieren, forschen und fördern
Auflagedatum/ Laufzeitende	19. 4. 2000 / 19. 4. 2010	18. 4. 2000 / 4. 10. 2004	2. 10. 2000 / 14. 10. 2004
Emissionspreis	100 Euro	103 Euro	102,5 Euro
Durchschnittliche Wertentwicklung seit Auflage	minus 19 %	minus 20,9 %	minus 29,7 %
Ausgabeaufschlag	nein	nein	nein
Geld/Briefspanne	2 %	2,5 %	2,5 %
Hauptbranchen	Zukunftstechnologien	Brennstoffzellen-Technologie	Innovative Energiesysteme, Gas-Wasserstoff-Technologie
wichtigste Einzelwerte bei Ausgabe	BP Amoco (k. A.), Novartis (k. A.), Procter & Gamble (k. A.)	Ballard Power 20 %, Plug Power 12 %, Siemens 9,5 %	Vestas 15 %, Ballard Power 15 %, Siemens 9,5 %

Quelle: Informationen der Anbieter, Stand: Mai 2001

Im Vorfeld der Börse: drei Händler von außerbörslichen Aktien

Unter dem Dach der B.A.U.M. AG, die Unternehmen und Kommunen im Umweltmanagement berät, ist die Janosch film & medien AG gegründet worden. Die neue Aktiengesellschaft soll die weltweiten Rechte des Kinderbuchautors und Zeichners Janosch übernehmen und verwerten. Beide Aktien werden außerbörslich gehandelt.

Der überwiegende Teil der Aktiengesellschaften in Deutschland ist nicht börsennotiert. Viele Firmen sind zu klein, um ihre Aktien an der Börse handeln zu lassen. Vielfach bieten kleine, ökologisch orientierte Aktiengesellschaften dem Anleger die Möglichkeit, sich frühzeitig und zu günstigen Konditionen an Unternehmen zu beteiligen. Die Mehrzahl der außerbörslich gehandelten grünen Aktiengesellschaften ist im Bereich erneuerbare Energien tätig. Dem Anleger bietet der außerbörsliche Aktienhandel hohe Gewinnchancen, aber auch enorme Risiken. Selbst Totalverluste sind nicht auszuschließen.

Angesichts schwer überschaubarer Marktverhältnisse und hoher Transaktionskosten (siehe unten) sind außerbörsliche grüne Aktien unter kurzfristig spekulativen Gesichtspunkten nicht zu empfehlen. Eine mittel- bis langfristige Anlage kann sich lohnen – allerdings nur, wenn man in der Lage ist, die Zukunftschancen der betreffenden Aktiengesellschaft zu beurteilen. Auch sollte nur ein sehr kleiner Teil des langfristig verfügbaren Vermögens in außerbörsliche Aktien investiert werden.

Die Abwicklung der Käufe und Verkäufe erfolgt über Makler. Diese Händler veröffentlichen aufgrund von Angebot und Nachfrage regelmäßig An- und Verkaufspreise, die „Geld-" und „Briefkurse". Sie verdienen an der Differenz zwischen beiden Kursen, dem so genannten „Spread", der zwischen 5 und 13 Prozent (!) beträgt. Alternativ oder zusätzlich wird eine pauschale Auftragsgebühr oder eine Courtage, eine Gebühr von bis zu 1 Prozent des Aktienwertes, erhoben. Die Transaktionskosten sind bei außerbörslichen Aktien also wesentlich höher als bei börsennotierten Aktien.

Hinzu kommt, dass der Handel mit solchen Papieren sehr eingeschränkt ist. Außerbörsliche Aktien sind in der Regel Papiere mit wenig Umsatz. Es kann im Einzelfall Wochen dauern, bis man einen Käufer findet, der bereit ist, den gewünschten Preis zu zahlen.

Weil solche „engen" Märkte sehr anfällig sind für starke Kursbewegungen, wird dringend empfohlen, die Aufträge zum An- und Verkauf der Aktien zu limitieren. Manche Händler verlangen für die Limitierung zusätzliche Gebühren von bis zu 10 Euro. Ein Limit gibt beim Kauf den Preis an, den man maximal zu zahlen bereit ist, beim Verkauf den Preis, den man mindestens erlösen will. Fehlt ein solches Limit, wird der Auftrag zu einem sich frei ergebenden Kurs ausgeführt. Gerade bei außerbörslichen Aktien kann dieser Kurs ein Zufallsprodukt und für den Erwerber bzw. Verkäufer sehr ungünstig sein.

Ahag AG

Die 1992 gegründete Ahag Wertpapierhandelshaus AG ist Marktführer im außerbörslichen Aktienhandel. Mehr als 150 Werte werden gehandelt, davon etwa 30 regelmäßig. Der Anteil grüner Aktien beträgt circa 13 Prozent. Die Ahag AG handelt auch auf eigene Rechnung, um den Markt flüssiger zu machen. Damit übernehmen die Wertpapierhändler auch ein Kursrisiko, was als Begründung für den hohen Spread von 7 bis 10 Prozent angeführt wird.

Depot VG

Die Depot VG ist ein Aktienclub von ca. 230 Anlegern, die ausschließlich mit circa 30 grünen Aktienwerten handeln. Die Depot VG verlangt keinen Spread, erhebt jedoch einen monatlichen Mitgliedsbeitrag von circa zwei Euro. Anders als die Ahag AG handelt die Depot VG nicht auf eigene Rechnung. Unter Umständen muss man dadurch länger warten, bis man einen Käufer gefunden hat. Daneben ist zu beachten, dass die Depot VG in der Rechtsform einer BGB-Gesellschaft organisiert ist, bei der jedes einzelne Mitglied potenziell voll für die Geschäfte der Gesellschaft haftet.

Hermerlin Öko-Beteiligungs AG

Die 1997 gegründete Hermerlin Öko-Beteiligungs AG ist nach eigenen Angaben eine der wenigen rein ökologisch und nachhaltig arbeitenden Aktiengesellschaften. Sie ist als Beteiligungsgesellschaft, Unternehmensberatungsgesellschaft und Emissionsbegleiterin sowie als Wertpapierhandelshaus ausschließlich im grünen außerbörslichen Kapitalmarkt tätig. Gehandelt werden elf Werte, davon neun regelmäßig. Ein Spread wird nicht berechnet.

Eine umfassende Auswahl der interessantesten außerbörslichen grünen Aktien gibt es im Internet unter www.gruene-geldanlagen.de/aktien.

Außerbörsliche Aktien bis

	AHAG. WERTPAPIERHANDELSBANK AG	DepotVG Stuppach	ethic innovation HERMERLIN
Anbieter	**Ahag Wertpapierhandelsbank AG**	**Depot VG**	**HerMerlin AG**
Adresse	Pierbusch 17 D-44333 Lünen Tel. (02 31) 98 73 16-0 info@ahag.de	Blumhoferstraße 4 D-97980 Bad Mergentheim Tel. (0 79 31) 4 76 89 b.ruck@depotvg.de	Untere Hauptstraße 44 D-91799 Langenaltheim Tel. (0 91 45) 4 96 ag@hermerlin.de
Internet	www.ahag.de	www.depotvg.de	www.hermerlin.de
Kurzprofil	Aktienmarkt für kleine Gesellschaften, die Risikokapital platzieren und ihre Eigenkapitalbasis stärken wollen	Handelsplattform für die Mitglieder der Depot-Verwaltungsgesellschaft	Ökologisch und nachhaltig handelndes Wertpapierhandelshaus
Handelsvolumen pro Jahr*	179 Mio. Euro	3 bis 5 Mio. Euro	5 Mio. Euro
Anteil grüner Aktien	13 %	ca. 80 %	100 %
Pauschale Auftragsgebühr	18 Euro	keine	5 Euro
Limitgebühr	keine	ca. 5 Euro	keine
Courtage	keine	1 % vom Umsatz	1%
Spread	7 bis 10 %	keiner	keiner
Gesamtkosten einer Beispieltransaktion**	10,4%	3,2%	2,2%
Die drei umsatzstärksten grünen Aktien	Frisia, Independent Capital, Rapunzel	Baum, Oekoland, Fainest	Baum, Hermerlin, Janosch
Besonderheiten		Mitgliedsgebühr für Privatpersonen ca. 2 Euro pro Monat	

Quelle: Informationen der Anbieter, Stand: Mai 2001
* *Handelsvolumen in 2000*
** *Gesamtkosten eines An- und Verkaufes von Aktien im Wert von 10 000 DM inkl. Limitgebühren, Quelle: Öko-Test 9/2000*

Mehr Sicherheit, feste Erträge: drei Beispiele für festverzinsliche Wertpapiere

Festverzinsliche Wertpapiere, die auch Anleihen, Rentenpapiere oder Bonds genannt werden, haben eine feste Verzinsung und laufen meist mehrjährig über einen festgelegten Zeitraum. Festverzinsliche Wertpapiere werden von internationalen Einrichtungen, von Staaten, Großunternehmen und Banken herausgegeben, die so an der Börse einen Kredit aufnehmen. Die Käufer von Anleihen sind praktisch Kreditgeber der Wertpapieremittenten. Festverzinsliche Wertpapiere können jederzeit an der Börse erworben und veräußert werden.

Im Vergleich zu Aktien sind die Kursschwankungen bei festverzinslichen Wertpapieren wesentlich geringer. Die Rentenkurse steigen, wenn sich das Zinsniveau nach unten verändert, weil dann die „alten", höher verzinsten Papiere mehr wert sind. Umgekehrt verlieren die bereits emittierten Anleihen an Wert, wenn die Zinsen steigen. Die Kursausschläge sind bei den Anleihen am größten, die noch eine lange Laufzeit vor sich haben. Stärkere Verluste oder Gewinne einzelner Anleihen sind dann möglich, wenn sich die Bonität (die Kreditwürdigkeit) des Schuldners deutlich verändert.

Unter den Großunternehmen, die Rentenpapiere emittieren, finden sich viele aus Branchen mit hohen Umweltbelastungen wie etwa dem Fahrzeugbau oder der Erdölgewinnung. Grüne Rentenpapiere zu finden ist nicht leicht. Zumeist handelt es sich um Anleihen von speziell auf Umweltförderung ausgerichteten Banken oder Bahngesellschaften. Hierunter fallen Anleihen der Deutschen Bahn AG oder der französischen Bahngesellschaft SNCF, aber auch solche der Interamerican Development Bank, die sich für die wirtschaftliche und soziale Entwicklung der Staaten Lateinamerikas und der Karibik einsetzt.

Festverzinsliche Wertpapiere bis

Anbieter	Deutsche Bahn AG	Interamerican Development Bank	Kommunalkredit Austria AG
Adresse	Potsdamer Platz 2 D-10785 Berlin Tel. (0 30) 2 97-6 16 78 investor.relations @bku.db.de	1300 New York Avenue, NW USA-DC, 20577 Washington Tel. (0 01-2 02) 6 23-1 00 contact@iadb.org	Türkenstr. 9 A-1092 Wien Tel. (00 43-1) 3 16 31-0 kommunal@kommunal-kredit.at
Internet	www.bahn.de	www.iadb.com	www.kommunalkredit.at
Kurzprofil	Deutsche Bahngesellschaft	Entwicklungsbank für die Länder Lateinamerikas und der Karibik	Spezialbank für die Finanzierung öffentlicher Infrastrukturinvestitionen
Gesamtemissionsvolumen	1 Mrd. Euro	1,8 Mrd. Euro*	505 Mio. Euro
Laufzeit einer Beispielanleihe	bis 2010	bis 2005	bis 2013
WKN	159108	128580	249050
Mittelverwendung	Modernisierung von Infrastruktur und Fahrzeugen	Wirtschaftliche und soziale Entwicklung in Lateinamerika und der Karibik	Finanzierung von kommunalen Umwelt- und Wasserwirtschaftsprojekten
Währung	Euro	Euro	Euro
Emissionsvolumen	1 Mrd. Euro	keine Angabe	51 Mio. Euro
Zinssatz	6 %	5,5 %	5,25 %
Kurs per 31. 12. 2000	102,84 Euro	104 Euro	94,6 Euro

Quelle: Informationen der Anbieter, Zahlenangaben per 31. Dezember 2000, Stand: Mai 2001
** Angabe in US-Dollar, umgerechnet in Euro*

Geldanlage zum Anfassen: sechs Anbieter von Beteiligungsfonds

Die Umweltkontor Renewable Energy AG hat sich auf Systemlösungen für erneuerbare Energiequellen spezialisiert. Umweltkontor legt Windkraftfonds auf, aus denen zum Beispiel diese Windkraftanlage bei Erkelenz finanziert wurde. Für die Zukunft sind riesige Windparks im Meer geplant, so genannte Offshore-Anlagen.

Einen großen Anteil am Gesamtvolumen grüner Geldanlagen machen Beteiligungsfonds aus. Es gibt eine Vielzahl von Unternehmen, die vor allem Windkraftfonds anbieten.

Das Kapital für den Bau eines Windparks stammt in der Regel aus mehreren Quellen. Rund zwei Drittel der gesamten Investitionssumme kommen normalerweise aus zinsgünstigen Darlehen der Deutschen Ausgleichsbank und aus Mitteln des Umwelt- und Energiesparprogramms des Bundeswirtschaftsministeriums. Teilweise werden auch normale Bankkredite herangezogen. Ein weiteres Drittel, das Eigenkapital des Fonds, wird von privaten Anlegern eingeworben. Die Anleger werden dabei zu Miteigentümern des Windparks, meist in Form von Kommanditanteilen. Mit dem Anteil an der Kommanditgesellschaft erwerben sie auch Stimmrechte in der Gesellschafterversammlung und können so in engen Grenzen in dem Unternehmen mitbestimmen.

Ein erheblicher Unterschied von Beteiligungsfonds gegenüber Aktien ist die lange Kapitalbindung. Aktien kann man täglich kaufen und verkaufen. Einen geordneten Handel von Beteiligungsfonds-Anteilen gibt es dagegen nicht. Auch aus steuerlichen Gründen sollte man sich nur an Windkraftfonds beteiligen, wenn man die Anteile voraussichtlich während der gesamten Laufzeit von meist um zwanzig Jahren halten kann.

Die Rendite solcher Beteiligungsfonds hängt vom Erfolg des Projektes ab. Früher lag der Reiz von Windkraftfonds gerade für Spitzenverdiener in den Steuervorteilen. In engen Grenzen ist ein steuerlicher Effekt auch weiterhin möglich (siehe Seite 72).

Neben Windkraftfonds bietet die BVT Energie- und Umwelttechnik AG auch Beteiligungen an Heizkraftwerken, Kläranlagen und öffentlichem Personennahverkehr an. In diesen Straßenbahnbetriebshof in Halle an der Saale wurden rund 40 Millionen Euro investiert.

Die in den Beteiligungsprospekten enthaltenen Ertragsprognosen gehen je nach Anbieter von sehr unterschiedlichen Annahmen aus. Vergleichen Sie deshalb mehrere Angebote unter folgenden Gesichtspunkten:

- Die Investitionskosten je Kilowattstunde geben einen Eindruck davon, wie effektiv das Kapital der Geldgeber eingesetzt wird.
- Wie hoch sind die (teilweise erheblichen!) Kosten für Prospekterstellung, Vertrieb, Geschäfts- und technische Betriebsführung?
- Liegen mehrere externe Windgutachten vor? Werden die niedrigsten Prognosewerte zu Grunde gelegt?
- Wie hoch sind die eingeplanten Rückstellungen für Wartung und Instandhaltung?

Weitere wichtige Fragen zur Beurteilung von Windkraftfonds:

- Ist der Prospekt von einem Wirtschaftsprüfer geprüft worden?
- Liegen Baugenehmigung und Finanzierungszusagen vor?
- Werden die Windkraftanlagen von renommierten Herstellern geliefert? Welche Garantiezeiten sind vereinbart?

Die Erfahrung und Reputation des Fondsanbieters von Windkraftfonds ist eine wichtige Entscheidungsgrundlage für den Anleger. Beim Bundesverband Windenergie (BWE) in Osnabrück hat sich ein Planerbeirat gebildet, der eine Art Ehrenkodex erarbeitet hat. Firmen werden dort nur aufgenommen, wenn sie sowohl Referenzen vorweisen können als auch eine Verpflichtung abgeben, sich an die selbst auferlegten Berufsregeln zu halten.

Es kann vorkommen, dass es Fondsanbietern nicht gelingt, in der geplanten Zeit ausreichend Eigenkapital einzusammeln, um den geplanten Windpark zu realisieren. Für Anleger, die bereits Geld in den Fonds eingezahlt haben, ist das in doppelter Hinsicht misslich: Zum einen müssen sie sich nach einer neuen Geldanlage umsehen. Zum anderen kann es bei der Rückzahlung der Einlagen zu Verlusten kommen. Deshalb geben viele Unternehmen eine so genannte Platzierungsgarantie. Dabei wird durch eine Zwischenfinanzierung sichergestellt, dass die Windräder auch dann planmäßig gebaut werden und ans Netz gehen können, wenn noch nicht alle Fondsanteile gezeichnet sind.

Eine detaillierte Checkliste für Windkraftfonds-Beteiligungen finden Sie im Internet unter www.gruene-geldanlagen.de/windkraftfonds.

Beteiligungsfonds

Anbieter	**Bobikiewicz & Partner GmbH**	**BVT Unternehmens-gruppe**	**Energiekontor AG**
Adresse	Goethestr. 4 D-79100 Freiburg i. Br. Tel. (07 61) 2 96 56-0 partner@bobikiewicz.com	Leopoldstr. 7 D-80802 München Tel. (0 89) 3 81 65-0 info@bvt.de	Mary-Somerville-Str. 5 D-28359 Bremen Tel. (04 21) 33 04-0 info@energiekontor.de
Internet	www.bobikiewicz.com	www.bvt.de	www.energiekontor.de
Kurzprofil	Konzipierung von Windkraftfonds	Eigenständiger Finanz-dienstleister mit inter-nationaler Ausrichtung	Beteiligungsfondsgesell-schaft für regenerative Energieanlagen
Beteiligungsangebote	Übernahme von Kommanditanteilen	Übernahme von Kommanditanteilen	Übernahme von Kommanditanteilen, eigene Aktien
bisher aufgelegte Beteiligungsangebote	8	28	38
Volumen der bisher platzierten Beteiligungs-angebote	53 Mio. Euro	577 Mio. Euro	85 Mio. Euro
Hauptbranchen	Windkraft (100 %)	Windenergie, Heizkraft-werke, kommunale Infrastruktur	Windkraftfonds (100 %)
wichtigste Einzelprojekte (Anteil am Gesamt-volumen)	Windkraftfonds Midlum (26 %), Windkraftfonds Bor-sum-Ahlerstedt (18 %), REG-Fonds (2 %)	Heizkraftwerke-pool (46 %), Windpark Sustrum (6 %), Windpark Emlich-heim (4 %)	Windpark Zetel (k. A.), Windpark Keyen-berg (k. A.), Windpark Engelrod (k. A.)
die letzten drei Beteili-gungsangebote (prognostizierte Gesamt-ausschüttung, Laufzeit)	Windkraftfonds Saubusch (255 %, 20 Jahre), Windkraftfonds Willen-scharen-Brokstedt (267 %, 20 Jahre), Windkraftfonds Midlum (254 %, 20 Jahre)	Windpark Emllichheim (265 %, 20 Jahre), Windpark Flomborn (209 %, 20 Jahre), Windpark Zölkow (231%, 20 Jahre)	Windpark Zetel (266 %, 20 Jahre), Windpark Keyenberg (260 %, 20 Jahre), Windpark Engelrod (240 %, 20 Jahre)

Beteiligungsfonds

Anbieter	GLS Beteiligungs AG	Plambeck Neue Energien AG	UmweltKontor Renewable Energy AG
Adresse	Oskar-Hoffmann-Str. 25 D-44789 Bochum Tel. (02 34) 57 97-0 bochum@gls.de	Peter-Henlein-Straße 2–4 D-27472 Cuxhaven Tel. (0 47 21) 7 18-4 53 info@plambeck.de	Brüsseler Allee 23 D-41812 Erkelenz Tel. (0 24 31) 94 52-0 info@umweltkontor.com
Internet	www.gls.de	www.plambeck.de	www.umweltkontor.de
Kurzprofil	Beteiligungsgesellschaft, die ökologisch und sozial orientierte Fonds auflegt und verwaltet	Beteiligungsfondsgesellschaft für regenerative Energieanlagen	Beteiligungsfondsgesellschaft für regenerative Energieanlagen
Beteiligungsangebote	Übernahme von Kommanditanteilen	Übernahme von Kommanditanteilen, eigene Aktien	Übernahme von Kommanditanteilen, eigene Aktien
bisher aufgelegte Beteiligungsangebote	14	6	22
Volumen der bisher platzierten Beteiligungsangebote	31 Mio. Euro	94 Mio. Euro	41 Mio. Euro
Hauptbranchen	Windkraft (76 %), Soziales/Gesundheit (14 %), Ökolandbau (5 %)	Windkraft (100 %)	Windkraft (100 %)
wichtigste Einzelprojekte (Anteil am Gesamtvolumen)	GLS-Weleda-Fonds (16 %), GLS-Windkraftfonds Schleiden (11 %)	Windpark Rakow und Gardelegen (33 %), Windpark Wanna und Staßfurt (9 %)	Windpark Neuendorf-Kakerbeck (30 %), Windpark Reuth (17 %), Windpark Halsdorf (13 %)
die letzten drei Beteiligungsangebote (prognostizierte Gesamtausschüttung, Laufzeit)	GLS-Windkraftfonds Schleiden (390 %, 20 Jahre), GLS-Nestwerk-Fonds I (139 %, 12 Jahre), GLS-Windkraftfonds NLW Dörpen (231 %, 20 Jahre)	Rakow und Gardelegen (278 %, 20 Jahre), Wanna und Staßfurt (270 %, 20 Jahre)	Windpark Neuendorf-Kakerbeck (294 %, 20 Jahre), Windpark Halsdorf (285 %, 20 Jahre), Windpark Reuth (293 %, 20 Jahre)

Quelle: Informationen der Anbieter, Zahlenangaben per 31. Dezember 2000, Stand: Mai 2001

Klassisch oder fondsgebunden: vier Lebensversicherungen

Lebensversicherungen sind bei den Deutschen nach wie vor sehr beliebt. 1999 wurden jeden Tag knapp 9 000 Verträge abgeschlossen. Rund 900 Milliarden DM verwalten die Lebensversicherer; auf deutschen Sparbüchern liegt nur ein Drittel der Summe. Noch immer sind es drei Aspekte, die diese Anlageform so beliebt machen: die steuerliche Begünstigung, die Sicherheit der Geldanlage und die eingebaute Absicherung für die Familie.

Die finanzielle Attraktivität einer Lebensversicherung hängt entscheidend von zwei Faktoren ab: Wie viel Geld bekommt der Versicherte am Ende der Vertragslaufzeit (Ablaufleistung) und was zahlt die Versicherung, wenn der Vertrag vorzeitig gekündigt wird (Kündigungs- oder Rückkaufwert)? Der zweite Aspekt ist wichtiger, als man denkt: Nach einer Schätzung des Berliner Versicherungsprofessors Rudolf Gärtner wird jede zweite Lebensversicherung vorzeitig gekündigt. Um so wichtiger ist es, dass man dann sein Geld wenigstens ohne Verluste wieder bekommt. Das ist nicht selbstverständlich, werden doch in vielen Fällen die ersten Einzahlungen der Versicherten dafür verwendet, erst einmal die Kosten der Versicherung zu decken. Die Konsequenz: Wenn der Vertrag in den ersten Jahren gekündigt wird, kann die Rendite deutlich unter Null liegen. Sehen Sie sich deshalb vor Vertragsabschluss den Verlauf der Kündigungswerte (die so genannten Rückkaufwerte) an.

Die Rendite einer Kapital-Lebensversicherung ist zwar relativ sicher, aber mit durchschnittlich rund 5 bis 6 Prozent im Vergleich zur Aktienanlage eher gering. Deshalb lohnt sich der Abschluss eines Vertrags meist nur, wenn damit steuerliche Vorteile in Form des Sonderausgabenabzuges verbunden sind (beispielsweise bei Selbstständigen).

Bei fondsgebundenen Lebensversicherungen hängen Ablaufleistung und Kündigungswerte vom Wertzuwachs der zugrunde liegenden Investmentfonds ab. Die fondsgebundene Lebensversicherung ist damit eine spekulative Geldanlage.

Es wird immer wieder kritisiert, dass Lebensversicherungen unnötigerweise den Vermögensaufbau mit der Absicherung des Todesfallrisikos verbinden. Wer fürs Alter vorsorgen will, solle sein Geld besser direkt in Investmentfonds oder festverzinslichen Wertpapieren anlegen und – um die Familie abzusichern – separat eine günstige Risiko-Lebensversicherung abschließen. Neben Kostenvorteilen habe dies den Vorteil, dass man nicht langfristig finanziell gebunden sei und dass man – unabhängig von der Höhe der Sparfähigkeit – eine Todesfallleistung vereinbaren kann, die tatsächlich hoch genug ist, um die Hinterbliebenen dauerhaft und sicher zu versorgen.

Die häufigste Form grüner Lebensversicherungen sind fondsgebundene Lebensversicherungen. Diese investieren das angelegte Geld in Aktien-, offene Immobilien- oder Rentenfonds. Dadurch sind die Renditechancen, aber auch das Risiko gegenüber einer Kapital-Lebensversicherung größer. Die Auswahl der Fonds kann der Anleger entweder selbst bestimmen oder dem Versicherer überlassen.

Es befinden sich aber auch Kapital-Lebensversicherungen wie die oeco capital auf dem Markt. Bei dieser klassischen Form der Lebensversicherung werden die eingezahlten Beträge zu einem geringen Teil in Aktien und zu einem größeren Teil in festverzinslichen Wertpapieren angelegt.

Private Rentenversicherungen bieten keinen Todesfallschutz und wegen der dadurch eingesparten Beiträge eine tendenziell höhere Verzinsung. Für den grünen Kapitalmarkt plant die GLS Gemeinschaftsbank eG ein solches Angebot gemeinsam mit der Mannheimer Versicherung.

Fonds-Lebensversicherungen

Anbieter	Continentale Lebensversicherung AG	Cosmos Lebensversicherungen AG	Skandia Lebensversicherung AG
Adresse	Beethovenstr. 6 D-80336 München Tel. (0 89) 53 81 97 16 info@continentale.de	Halbergstr. 52–54 D-66121 Saarbrücken Tel. (06 81) 9 66 66 66 info@cosmosdirekt.de	Bismarckstr. 101 D-10625 Berlin Tel. (07 11) 8 10 67 67 info@provita-gmbh.com
Internet	www.continentale.de	www.cosmosdirekt.de	www.provita-gmbh.com
Name der Police	**Life Time Öko**	**Cosmos Wertpapier-Police**	**Pro Vita Ökologische Investment Police**
Kurzprofil	Investiert in Unternehmen, die einen positiven Umweltbeitrag leisten	Wertpapier-Police für den risikobereiten Anleger	gemanagtes Umweltportfolio mit großer Auswahl an Fonds
Umweltfonds, die standardmäßig in der Police enthalten sind	EcoTech, ÖkoLux, OekoSar, Ökovision, ValueSar	ÖkoLux	Eco Performance, KD Öko-Invest, ÖkoLux, ÖkoRent, Pro Vita Portfolio
Abschlusskostenquote in Prozent des monatlichen Beitrags *	12,5 % in den ersten fünf Versicherungsjahren	keine Angabe	keine Angabe
Verwaltungskostenquote in Prozent des monatlichen Beitrags *	5 % im ersten Jahr, danach 2,2 %	keine Angabe	keine Angabe
Anteil des Betrages in Prozent, der in die Fondseinlage fließt *	70 % im ersten Versicherungsjahr	96,4 %	87 %
Prognostizierte Rendite in Prozent bei 6-prozentigem Wertzuwachs der Fonds *	3,7 %	5,4 %	3,4 %
Prognostizierte Rendite in Prozent bei 9-prozentigem Wertzuwachs der Fonds *	6,6 %	8,4 %	6,2 %

Quelle: Informationen der Anbieter, Stand: Mai 2001

** Die Angaben beziehen sich auf den Beispielfall: 35-jähriger Mann, 12 Jahre Laufzeit, 300 DM Monatsbeitrag, 25 920 DM Mindesttodesfallleistung, ohne Dynamik*

Kapital-Lebensversicherung

	oeco capital
Anbieter	**oeco capital Lebensversicherung AG**
Adresse	Karl-Wiechert-Allee 55 D-30625 Hannover Tel. (05 11) 57 01-21 91 info@oeco-capital.de
Internet	www.oeco-capital.de
Name der Police	**oeco capital**
Kurzprofil	Investiert ausschließlich in ökologisch und gesellschaftlich sinnvolle Produkte
Positivkriterien	Regenerative Energiegewinnung, effizientere Ressourcennutzung
Negativkriterien	Militärgüter, Atomenergie, umweltschädliche Technologien und Produkte, Genmanipulation
Abschlusskostenquote in Prozent des monatlichen Beitrags *	3,4 %
Verwaltungskostenquote in Prozent des monatlichen Beitrags *	4,0 %
Prognostizierte Rendite in Prozent *	4,5 %
Garantierte Rendite in Prozent *	0,6 %

Quelle: Informationen der Anbieter, Stand: Mai 2001

** Die Angaben beziehen sich auf folgenden Beispielfall: 35-jähriger Mann, 12 Jahre Laufzeit, 300 DM Monatsbeitrag, 25 920 DM Mindesttodesfallleistung, ohne Dynamik*

Für die zusätzliche Altersvorsorge: vier Pensions- und Unterstützungskassen

Die deutsche Bundesregierung hat im Januar 2001 das erste Teilpaket der großen Rentenreform beschlossen. Die Rentenreform soll unter anderem die private Altersvorsorge fördern. Die volle Zulagenförderung erhält, wer ab 2002 1 Prozent, ab 2004 2 Prozent, ab 2006 3 Prozent und ab 2008 4 Prozent seines Vorjahresbruttoeinkommens in einen Altersvorsorgeplan investiert. Grundsätzlich werden Rentenversicherungen und Pensionskassen, aber auch Fonds- und Banksparpläne gefördert. Um dem Verbraucher Gewissheit darüber zu geben, ob das von ihm ausgesuchte Anlageprodukt die Kriterien für eine steuerliche Förderung erfüllt, wird eine Zertifizierungsstelle eingerichtet.

Nach der neuen Regelung muss außerdem künftig jeder Anbieter einer derart geförderten privaten Altersvorsorge („Riester-Rente") seine Anleger einmal im Jahr schriftlich informieren, ob und wie er ethische, soziale und ökologische Belange bei der Verwendung der eingezahlten Beiträge berücksichtigt („ökologische Berichtspflicht"). Es wird erwartet, dass dies den grünen Geldanlagen einen ähnlichen Aufschwung geben wird wie in Großbritannien, wo eine ähnliche Regelung seit längerem gilt.

Wie genau die neuen Altersvorsorgeangebote im grünen Kapitalmarkt aussehen werden, wird sich in der zweiten Hälfte des Jahres 2001 herauskristallisieren. Eine detaillierte Übersicht ist dann im Internet unter www.gruene-geldanlagen.de/altersvorsorge zu finden.

Von den bisher vorhandenen Angeboten eignen sich neben den bereits beschriebenen Investmentfonds und Lebensversicherungen vor allem die in der Schweiz weit verbreiteten Pensionskassen für die Altersvorsorge.

Die Schweizer Pensionskassen müssen sich an verschiedene gesetzliche Regelungen halten, um Werterhaltung und geringes Risiko sicherzustellen. So ist zum Beispiel der Aktienanteil begrenzt. Im Rahmen dieser gesetzlichen Vorgaben kann im Prinzip jede Vorsorgestiftung Anlagen gemäß ethisch-ökologischer Kriterien tätigen. Nur wenige Anbieter garantieren indes eine solche Anlagepolitik.

Manche Schweizer Pensionskassen bieten mit dem Erstellen von Versicherungsplänen, der Administration der Versicherung und der Anlage der Gelder die volle Leistungspalette einer Pensionskasse an. Daneben gibt es reine Anlagestiftungen, die sich ausschließlich um die Geldanlage für andere Pensionskassen kümmern. In diese Kategorie gehört zum Beispiel die Anlagestiftung ethos, die mit dem Anlagefonds ethosfund jedoch auch ein Angebot für Privatpersonen hat. Eine Kombination von beidem gibt es bei Nest: Die Nest Sammelstiftung fungiert als Pensionskasse; die Nest Anlagestiftung managt die Geldanlage für sie, aber auch für andere Pensionskassen.

In Österreich bietet die Winterthur Pensionskassen AG neben anderen Angeboten eine grüne Variante bzw. einen eigenen Abrechnungskreis an, nämlich die weitgehend nach ethisch-ökologischen Kriterien ausgerichtete „Veranlagungs- und Risikogemeinschaft 4“.

In Deutschland hat der Berliner Finanzdienstleister Umweltsecur GmbH eine Unterstützungskasse ins Leben gerufen, die auf einer ökologischen Versicherung basiert. Unterstützungskassen sind eine steuerspa-

Die österreichische Mayr-Melnhof Karton AG ist der weltweit größte Hersteller von Recyclingkartons und der führende Faltschachtelproduzent in Europa. Mayr-Melnhof beschäftigt rund 5000 Mitarbeiter und umfasst sieben Kartonfabriken sowie 18 Faltschachtelwerke in West- und Osteuropa. Im Jahr 2000 erzielte der Konzern einen Umsatz von 1078 Millionen Euro. Unter anderem investierte die Winterthur Pensionskasse in die Mayr-Melnhof Karton AG.

rende Form der Altersvorsorge. Man verzichtet hierbei auf einen Teil des Gehaltes und lässt ihn vom Arbeitgeber in die Kasse einzahlen (Entgeltumwandlung). Für den eingezahlten Betrag werden keine Lohnsteuer und keine Sozialabgaben fällig. Bei der Umweltsecur werden die angelegten Gelder über die Hanseatische Unterstützungskasse für mittelständische Unternehmen bei der Versicherung oeco capital angelegt.

Pensions- und Unterstützungskassen

Erläuterungen zu den Symbolen finden Sie auf den Seiten 39 und 43

	ethos.	NEST	umweltsecur
Anbieter	**ethos – Schweizerische Anlagestiftung**	**Nest Sammelstiftung**	**Umweltsecur GmbH**
Adresse	Place Cornavin 2 CH-1211 Genf 1 Tel. (00 41-22) 7 16 15-55 info@ethosfund.ch	Limmatstr. 275 CH-8037 Zürich Tel. (00 41-1) 4 44 57 57 info@nest.ch	Berliner Str. 36 D-10715 Berlin Tel. (030) 86 30 72-3 info@umweltsecur.de
Internet	www.ethosfund.ch	www.nest-info.ch	www.umweltsecur.de
Kurzprofil	Verwaltung der angelegten Gelder gemäß Kriterien der nachhaltigen Entwicklung	Demokratisch organisierte Pensionskasse, transparentes und systematisches Auswahlverfahren	Unterstützungskasse/ Entgeltumwandlung – Rückdeckung mit ökologischer Versicherung
Gründungsjahr	1997	1983	1995
Anlagevermögen	578,9 Mio. Euro verwaltetes Vermögen	105 Mio. Euro*	keine Angabe
Anlagepolitik	Finanzanalyse, dominiert durch Umwelt- und Sozialanalyse	in ökologisch und ethisch überdurchschnittliche Unternehmen	in ökologisch und gesellschaftlich sinnvolle Produkte
Positivkriterien	Unternehmen mit positiver Umwelt- und Sozialbewertung	Umweltmanagement, Umweltnutzen, umweltfreundliche Produktion	Regenerative Energiegewinnung, effizientere Ressourcennutzung
Negativkriterien	Rüstung, Atomenergie, Tabak, Glücksspiel	Rüstung, Tabak, Kernkraft	Militärgüter, Atomenergie, umweltschädliche Technologien und Produkte, Genmanipulation
Hauptbranchen	Chemie und Pharma, Elektrotechnik und Technologie	Gesundheit, Finanzdienstleistungen, Ernährung	keine Angabe
Wichtigste Einzelwerte	Schweiz Novartis 27 %, Swiss Re 10 %, Zürich Financial Service 8 %	ING-Bank 5 %, Whole Foods Market 4,3 %, Synthes Stratac 4,2 %	Eurofima (k. A.), Kommunalkredit Austria (k. A.), Astropower (k. A.)

Quelle: Informationen der Anbieter, Zahlenangaben per 31. Dezember 2000, Stand: Mai 2001
** Angabe in Schweizer Franken, umgerechnet in Euro*

Pensions- und Unterstützungskassen

	winterthur
Anbieter	**Winterthur Pensionskassen AG**
Adresse	Mattiellistr. 2-4 A-1040 Wien Tel. (00 43-1) 5 15 34 info@winterthur.com
Internet	www.winterthur.at
Kurzprofil	Nach ethisch-ökologischen Kriterien ausgewählte Veranlagungs- und Riskogemeinschaft
Gründungsjahr	1996
Anlagevermögen	57,5 Mio. Euro
Anlagepolitik	keine Angabe
Positivkriterien	EU-Bezug, Förderung der Sicherheit und Gesundheit am Arbeitsplatz, Gleichberechtigung
Negativkriterien	Waffenproduktion, Atomindustrie, Suchtgiftproduktion
Hauptbranchen	Europäische Staatsanleihen, öko-effiziente Aktien
Wichtigste Einzelwerte	BWT (k. A.), Mayr Melnhof (k. A.), Jenbacher (k. A.)

Wenn es um viel Geld geht: drei Vermögens- und Stiftungsberatungen

Der „Fonds für ökologische Saatgutforschung“ ist einer von 121 individuellen Stiftungsfonds und Zukunftsstiftungen, die von der Gemeinnützigen Treuhandstelle e. V. geführt werden. Der Saatgutfonds wurde 1996 auf Initiative eines einzelnen Stifters gegründet. Weitere Zustiftungen sind möglich. Ziel des Fonds ist es, die Vielfalt im ökologischen Landbau zu bewahren und neue Pflanzensorten als Alternative zur Gentechnik zu entwickeln.

Bereits heute verfügen die Deutschen über ein privates Geldvermögen von mehr als 3500 Milliarden Euro. Jahr für Jahr wächst der Anlagemarkt durch weitere Ersparnisse und Zinsen um rund 140 Milliarden Euro. Hinzu kommen jährlich etwa 150 Milliarden Euro an Erbschaften. Der daraus resultierende Beratungsbedarf ist enorm. Neben konventionellen Finanzdienstleistern wie MLP oder DVAG haben auch grüne Vermögens- und Stiftungsberater Konjunktur.

Die 1961 gegründete Gemeinnützige Treuhandstelle e.V. in Bochum ist eine „Bürgerstiftung“, die jedem offen steht, der sein Vermögen ganz oder teilweise für individuell zu bestimmende gemeinnützige Zwecke einsetzen möchte. Die Gemeinnützige Treuhandstelle ist ein Zusammenschluss von über 300 gemeinnützigen Vereinen. Sie arbeitet eng mit der GLS Gemeinschaftsbank eG zusammen und verfügt über vielfältige Erfahrungen bei der Gestaltung von Schenkungen und Sondervermögen sowie in Testaments- und Erbschaftsfragen.

Die Liechtensteiner Hypo Investment Bank AG, eine 100-prozentige Tochter der Vorarlberger Landes- und Hypothekenbank AG, bietet Anlegern eine individuelle Vermögensverwaltung mit ethisch-ökologischer Ausrichtung. Zielgruppe sind vermögende Privatkunden, institutionelle Anleger und Stiftungen.

Der Düsseldorfer Versicherungsmakler und Finanzdienstleister Versiko AG bietet Investmentfonds, ökologische Kapitalanlagen und Versicherungsprodukte für die private und individuelle Vermögens- und Risikovorsorge an. Mit dem Konzept, konventionelle Versicherungen und Kapitalanlagen mit ökologischem Investment zu verbinden, wurde das Unternehmen 1975 gegründet. Seit Dezember 1999 ist die Versiko AG an der Börse notiert.

Eine Übersicht über weitere Angebote für vermögende Privatkunden, institutionelle Anleger und Stiftungen finden Sie im Internet unter www.gruene-geldanlagen.de/vermoegen.

Vermögens- und Stiftungsberatungen

Anbieter	**Gemeinnützige Treuhandstelle e.V.**	**Hypo Investment Bank AG**	**Versiko AG**
Adresse	Oskar-Hoffmann-Str. 25 D-44789 Bochum Tel. (02 34) 57 97-1 36 bochum@gemeinschafts-bank.de	Austr. 59 FL-9490 Vaduz Tel. (00 43-2) 2 65 56-56 info@hib.li	Fichtenstr. 42 D-40233 Düsseldorf Tel. (02 11) 97 37-0 info@versiko.de
Internet	www.gemeinschafts-bank.de	www.hib.li	www.versiko.de
Kurzprofil	Dachverband von 307 gemeinnützigen Organisationen	Ganzheitliche Vermögensberatung	Verbindung von konventionellen Versicherungen bzw. Kapitalanlagen mit ökologischem Investment
Gründungsjahr	1961	1998	1975
Bilanzsumme	72,2 Mio. Euro	50 Mio. Euro*	27,1 Mio. Euro
Angebotspalette	Stiftungsberatung, Einrichtung und Verwaltung von Sondervermögen, Erbschaftsberatung	Anlageberatung und Vermögensverwaltung	Ökologische Kapitalanlagen, Beteiligungen, nachhaltige Vermögensberatung
Besonderheiten	enge Zusammenarbeit mit der GLS-Bank, 121 individuelle Stiftungsfonds, eigene Zukunftsstiftungen und Spendenfonds		

Quelle: Informationen der Anbieter, Zahlenangaben per 31. Dezember 2000, Stand: Mai 2001
** Angabe in Schweizer Franken, umgerechnet in Euro*

Das Schenken gehört dazu: drei Spendenorganisationen

Der World Wide Fund for Nature (WWF) startete 1994 eine große Kampagne zum Schutze des durch Wilderei vom Aussterben bedrohten Sibirischen Tigers. Im letzten Jahr haben die vom WWF finanzierten Wildhüter dafür gesorgt, dass in den von ihnen betreuten Gebieten kein einziger Tiger gewildert wurde. Der WWF setzt sich als weltweit größte unabhängige Naturschutzorganisation für die Bewahrung der biologischen Vielfalt ein.

In Deutschland dürfen rund 240 000 Organisationen Spenden für verschiedenste gemeinnützige Zwecke sammeln. Darunter sind viele kleine Vereine wie Cool e.V. oder S-N-O-W (siehe Seiten 59 und 61), aber auch Großorganisationen wie der BUND, Greenpeace und der WWF.

Die Umweltverbände sind ein wichtiges Gegengewicht zur Macht der Unternehmen. Während früher in erster Linie Wirtschaftsverbände wie der Bundesverband der deutschen Industrie (BDI) oder die Gewerkschaften auf politische Entscheidungen Einfluss ausübten, spielen zunehmend auch die Umweltorganisationen eine wichtige Rolle. So konnte das Erneuerbare Energien Gesetz durchgesetzt werden, das entscheidend zur Rentabilität von Windkraft- und Solaranlagen beiträgt und den enormen Wachstumsschub dieser Branchen ermöglicht hat.

Auch der Ausstieg großer Konzerne aus der Global Climate Coalition (siehe Seite 33) wäre nicht ohne den politischen Druck der Umweltverbände geschehen. „DaimlerChrysler und Greenpeace machen Weltpolitik", formuliert MdB Ernst-Ulrich von Weizsäcker, früher Direktor des Wuppertal-Instituts für Klima, Umwelt, Energie. Inzwischen setzen einige Konzerne gezielt auf Kooperation. So hat beispielsweise BMW die Aufnahme in den Dow Jones Sustainability Group Index betrieben (siehe Seite 51). So führt der tatsächliche und der potenzielle Druck der Umweltverbände und umweltbewusster Aktionäre zu einem verstärkten sozialen und ökologischen Engagement der Konzerne. Ein Engagement, das sich in vielen Fällen auch im Börsenkurs widerspiegelt und für BMW den Zugang zu US-Aktienfonds brachte.

Wichtig ist, dass die als Spenden investierten Gelder auch dort ankommen, wo sie ihre Wirkung erzielen sollen. Eine staatliche Spendenaufsicht gibt es nicht. Es gibt aber Spendensiegel, die eine gewisse Seriosität sicherstellen. Das ist in erster Linie das Siegel des Deutschen Zentralinstituts für soziale Fragen (dzi). Allerdings vergibt das dzi sein Siegel nur auf Antrag. Und nicht alle Organisationen können diesen Antrag stellen, Umweltschutzorganisationen sind zum Beispiel von vornherein ausgenommen.

Daher ist es auch bei Spenden notwendig, sich über die Organisation und die geförderten Projekte gut zu informieren:

- Wer ist für die Planung, Durchführung, Abrechnung und Erfolgskontrolle der Projekte verantwortlich?
- Wie viel Geld fließt in Projekte?
- Wie viel in Werbung und Verwaltung?

Eine Richtschnur können die Kriterien des dzi sein: Hiernach dürfen nicht mehr als 35 Prozent der vereinnahmten Spenden für Werbung und Organisation ausgegeben werden.

Spendenorganisationen

	BUND	GREENPEACE	WWF
Anbieter	**BUND e.V.**	**Greenpeace Deutschland e.V.**	**Umweltstiftung WWF Deutschland**
Adresse	Am Köllnischen Park 1 D-10179 Berlin Tel. (0 30) 27 58 64-0 bund@bund.net	Große Elbstr. 39 D-22767 Hamburg Tel. (0 40) 3 06 18-0 mail@greenpeace.de	Rebstöcker Straße 55 D-60326 Frankfurt a. M. Tel. (0 69) 7 91 44-0 info@wwf.de
Internet	www.bund.net	www.greenpeace.de	www.wwf.de
Kurzprofil	Bürgerbewegung gegen Umweltzerstörung und für mehr Naturschutz mit regionalen Gruppen in ganz Deutschland	Greenpeace will die Zerstörung der natürlichen Lebensgrundlagen verhindern. Greenpeace arbeitet gewaltfrei, international und unabhängig.	Größte unabhängige Naturschutzorganisation der Welt. Oberstes Ziel ist die Bewahrung der biologischen Vielfalt.
Mitgliederzahl	260 000 + ca. 120 000 Förderer	511 000	236 000 Förderer
Mitgliedsbeitrag	45 Euro, ermäßigt 15 Euro pro Jahr	25 Euro (Empfehlung)	ab 30 Euro Spende, Kinder 15 Euro
Einflussmöglichkeiten als Mitglied	basisdemokratisch über Ortsgruppen	durch Ortsgruppen	projektgebundene Spenden
Anzahl der Orts- und Aktionsgruppen	2200	80	15
Jährliches Spendenaufkommen	12,3 Mio. Euro	33,4 Mio. Euro	23,0 Mio. Euro
Gesamtausgaben	13,8 Mio. Euro	35,5 Mio. Euro	22,6 Mio. Euro
Werbe- und Verwaltungsausgaben	keine Angabe	4,9 Mio. Euro	1,8 Mio. Euro
Spendengütesiegel	nein	nein	nein
Prüfung der Mittelverwendung	Steuerprüfer und Delegiertenversammlung	unabhängiger Wirtschaftsprüfer	Finanz- und Wirtschaftsprüfer

Quelle: Informationen der Anbieter, Zahlenangaben per 31. Dezember 2000, Stand: Mai 2001

Extra: So kaufen Sie börsennotierte Wertpapiere

Im folgenden Kapitel werden Ihnen unter anderem eine ganze Reihe von Aktien aus verschiedenen Trendbranchen vorgestellt. Die folgenden Hinweise gelten jedoch auch für festverzinsliche Wertpapiere und Investmentfonds.

Für Aktien gibt in Deutschland vier Handelssegmente:

- Amtlicher Handel (strenge Zulassungsbedingungen, Standardaktien, zum Beispiel DAX-Werte),
- Geregelter Markt (weniger strenge Zulassungsbedingungen, in der Regel mittelständische und junge Unternehmen),
- Freiverkehr (Unternehmen, die keine Zulassung für den Amtlichen und den Geregelten Markt haben)
- Neuer Markt (seit März 1997, innovative Unternehmen aus Zukunftsbranchen)

Auch die meisten der in diesem Buch vorgestellten ausländischen (vor allem US-)Aktien werden an einer der deutschen Börsen gehandelt. Direktkäufe an amerikanischen Börsen wie der NASDAQ lohnen sich in der Regel erst bei größeren Summen.

Die meisten börsennotierten Wertpapiere sind depotpflichtig. Ein solches Depot können Sie bei einer Bank oder einem Direkt-Broker einrichten. Nicht nur die jährlichen Depotgebühren differieren. Die Einrichtung des Depots ist eine wesentliche Vorentscheidung auch im Hinblick auf die bei jedem Kauf oder Verkauf anfallenden Gebühren.

Gerade für Aktienneulinge sind die Hinweise von kompetenten Wertpapierberatern wichtig. Deshalb sollten Sie nicht nur auf die Höhe der Gebühren schauen, sondern auch auf die dafür gebotene Beratungsleistung. Ideal sind Bankinstitute und Sparkassen, bei denen Sie bei jedem einzelnen Aktienkauf neu entscheiden können, ob Sie diesen über den Berater oder kostengünstiger im Self-Service abwickeln.

Um vor unliebsamen Überraschungen gefeit zu sein, sollten Sie Ihre Kauf- und Verkaufsaufträge bei Aktien grundsätzlich limitieren, vor allem wenn es sich nicht um Standardwerte handelt (siehe auch Seite 98).

DIE FÜNF INTERESSANTESTEN TRENDBRANCHEN

Trendbranche Solarenergie

Die Energie, die vom Himmel kommt

Wie groß das Interesse an der Solarenergie mittlerweile ist, zeigte sich im Mai 2000, als die Bundesregierung ihr 100 000-Dächer-Förderprogramm bereits nach zwei Monaten stoppen musste. Das komplette Jahresbudget für private Solaranlagen von circa 92 Millionen Euro war binnen kürzester Zeit aufgebraucht.

Experten sagen der Solarbranche ein riesiges Wachstumspotenzial und eine ähnliche Entwicklung wie der Computerindustrie oder der Mobiltelefonbranche voraus. In Deutschland hat die Verabschiedung des Erneuerbare Energien Gesetzes (EEG) im Frühjahr 2000 den Unternehmen einen kräftigen Wachstumsschub beschert. Das Gesetz sieht eine Vergütung für Strom aus Solarenergie von mindestens 51 Cent pro Kilowattstunde vor. Netzbetreiber sind danach verpflichtet, den ins öffentliche Netz eingespeisten Solarstrom entsprechend zu vergüten.

Trotz aller Euphorie befindet sich die Solarstromerzeugung noch im Pionierstadium. Der Beitrag zur Gesamtstromproduktion liegt derzeit bei 0,1 Promille. Aber die Zahl der jährlich installierten Solaranlagen soll sich in Deutschland in den nächsten fünf Jahren verzehnfachen, wenn man dem Fachverband Solarenergie Glauben schenken darf.

Wer sich wie Bill Gates an dieser Entwicklung finanziell beteiligen will – siehe das Grußwort von Franz Alt auf Seite 9 –, hat verschiedene Möglichkeiten. Spezielle Bankangebote und Beteiligungsfonds sind allerdings eher rar gesät. Die meisten Unternehmen finanzieren ihr Wachstum über die Ausgabe von Aktien, die wiederum in den meisten grünen Investmentfonds enthalten sind.

Aktien

Wer mit dem Kauf von Aktien in die Solarenergie einsteigen will, hat die Wahl zwischen Firmen, die ausschließlich in diesem Geschäftsfeld aktiv sind, und solchen, bei denen dies nur ein Tätigkeitsbereich unter vielen ist. Tatsächlich betreiben gerade die großen Photovoltaikhersteller das Geschäft nur nebenbei. Bei Shell, BP, Kyocera oder Sharp – um die größten Hersteller von Solarzellen zu nennen – muss man daher die anderen Geschäftsbereiche quasi mitkaufen. Der Photovoltaikumsatz zum Beispiel von Kyocera, deren Solarzellen als besonders effizient gelten und die mit 30 Megawatt Kapazität Weltmarktführer sind, macht gerade mal 5 Prozent des Konzernumsatzes aus. Den Rest verdienen die Japaner unter anderem mit Druckern und Keramikteilen für elektrische Hochleistungsgeräte. Der Photovoltaikboom hat sich daher für die Aktionäre von Kyocera kaum bemerkbar gemacht. Für Anleger interessanter sind die Firmen, die sich ganz oder zum größten Teil auf Solarenergie spezialisiert haben, von denen einige ab Seite 129 aufgelistet sind.

Ein weiteres Kriterium für die künftige Kursentwicklung ist die Art der Beteiligung der Solarfirmen an der Wertschöpfungskette. Dabei zeichnet sich bisher ab, dass diejenigen Unternehmen schlechter abschneiden, die mit der Projektierung und Finanzierung von Solaranlagen nur an den letzten Schritten der Wertschöpfungskette beteiligt sind. Sie müssen die Module und die Siliziumwafer – das sind die dünnen Siliziumscheiben, aus denen die Solarzellen zusammengestellt werden – teuer einkaufen. Besser stehen die Firmen da, die die gesamte Wertschöpfungskette vom Bau der Wafer bis zur kompletten Installation von Solaranlagen in einer Hand vereinen. In Deutschland bietet dies zum Beispiel die Bonner SolarWorld AG, der derzeit größte Hersteller von Wafern in Europa.

Trotz aller Begeisterung für die „Energie, die vom Himmel kommt“: Die Aktien der reinen Solarunternehmen sind als kleine Wachstumsfirmen starken Kursschwankungen unterworfen. Vor der Schnelllebigkeit des Marktes muss ausdrücklich gewarnt werden. Ein Beispiel: Die Aktie des US-amerikanischen Solaranlagenherstellers Astropower stieg von Juni bis November 2000 von 13 auf 63 Dollar, um binnen zwei Monaten wieder auf 25 Dollar zurückzufallen.

Bei US-Aktien kommt das Kursrisiko gegenüber dem Euro hinzu: Leicht können Kursgewinne von US-Aktien durch ein Stärkerwerden des Euro gegenüber dem Dollar aufgezehrt werden. Dies ist auch mittelfristig wegen des derzeit schwachen Euro ein wichtiger Punkt.

Selbstverständlich kann sich die Wechselkursentwicklung auch positiv für Euro-Investoren auswirken. Sie sollten sich aber darüber im Klaren sein, dass sich das Kursrisiko der Aktie und das Wechselkursrisiko addieren können. Wechselkursrisiko und -chance bestehen übrigens auch dann in vollem Umfang, wenn US-Solaraktien, wie Astropower, an deutschen Börsen gehandelt werden. Bei diesen Werten spiegelt der deutsche Kurs die Notierung an den US-Börsen ohne größere Abweichungen wider.

Davon abgesehen dürfte sich langfristig ein Engagement in Solaraktien rechnen. Denn an der Tatsache, dass die Energievorräte der Erde begrenzt sind, kommt auch die Börse nicht vorbei.

Die Aktion „Solarkommune“ der Deutschen Umwelthilfe und der S.A.G. Solarstrom AG fördert den Bau von Solarkraftwerken. Die Schwarzwälder Gemeinde Königsfeld wurde als erste Gemeinde mit diesem Titel ausgezeichnet. Dies hat viele Bürger wie Jörg Messerschmidt (Bild) zum Bau einer eigenen Solaranlage bewogen. Die von der S.A.G. Solarstrom gebaute und betriebene Anlage finanziert sich aus dem Verkauf des Stroms an die Gemeinde Königsfeld.

Vier Regeln sollten Sie beim Kauf von Solaraktien beachten:

- Investieren Sie nicht mehr als 10 bis 20 Prozent Ihres langfristig verfügbaren Kapitals in diese Branche.
- Streuen Sie Ihr Kapital innerhalb der Branche auf mehrere Werte. Wegen des hohen Kurs- (und auch Konkurs-) Risikos kleiner Wachstumsfirmen ist dies bei Solaraktien besonders wichtig.
- Beachten Sie das Wechselkursrisiko bei Nicht-Euro-Werten.
- Kaufen Sie nicht in einer Phase überhitzter Kurse.

Bankangebote und Beteiligungen

Wer nicht in Aktien investieren will, kann auf zwei Bankangebote zurückgreifen. Bei der GLS Gemeinschaftsbank eG in Bochum kann man bei einer Mindesteinlage von 2500 Euro und einer Laufzeit von vier Jahren sein Geld als Termingeld „Regenerative Energien" mit fester Verzinsung anlegen. Dieses Angebot eignet sich für Anleger, die ihr Anlagerisiko niedrig halten, aber sicher sein wollen, dass ihr Geld zur Förderung regenerativer Energien eingesetzt wird. Gleiches gilt für die Förder-Kassaobligationen der Alternativen Bank Schweiz.

Daneben gibt es die Möglichkeit, Beteiligungsfonds zu zeichnen. Diese Form der Anlage kann unter Steuergesichtspunkten interessant sein, da in den ersten Jahren Verlustzuweisungen möglich sind. Sie kann, je nach Einkommensstruktur allerdings auch erhebliche Nachteile mit sich bringen (siehe Seite 72).

Eine Auswahl von Anlagemöglichkeiten in der Solarenergie

- Bankanlagen

Alternative Bank Schweiz AG
Förder-Kassaobligationen für Alternative Energien
www.abs.ch
Tel. (00 41-62) 2 06 16-16

GLS Gemeinschaftsbank eG
Termingeld „Regenerative Energien"
www.gls.de
Tel. (02 34) 57 97-0

Aktien

Astropower, Inc
Führender Hersteller von Solarsystemen
www.astropower.com
Tel. (001-302) 3 66-04 00
WKN 912953

Phönix Sonnenstrom AG
Herstellung und Vertrieb von Solardachziegeln
www.sonnenstromag.de
Tel. (0 81 35) 93 24 93-0
WKN 530960

Phönix Sonnenwärme AG
Anbieter solarer Kompaktanlagen
www.sonnenwaerme-ag.de
Tel. (0 30) 53 00 07-0
WKN 617697

S.A.G. Solarstrom AG
Finanzierung und Installation von Solaranlagen
www.solarstromag.de
Tel. (07 61) 4 00 02 03
WKN 702100

Solantis AG
Bau und Vertrieb von Solaranlagen
www.solantis.de
Tel. (0 26 01) 91 23 88
WKN 750440

SolarWorld AG
Größter Hersteller von Solarzellen in Europa
www.solarworld.de
Tel. (02 28) 5 59 20-0
WKN 510840

Solon AG
Pionier der Solartechnik
www.solonag.de
Tel. (0 30) 61 07 09-10
WKN 724630

Sunways AG
Hersteller der ersten durchsichtigen Solarzelle
www.sunways.de
Tel. (0 75 31) 9 96 77-0
WKN 733220

Sonne und Wind Beteiligungen AG
Beteiligungsgesellschaft im Bereich regenerative Energien
www.versiko.de
Tel. (02 11) 97 37-0
WKN 587091

- Beteiligungen

SolarMillenium AG
Beteiligungen an solarthermischen Großkraftwerken
www.solarmillenium.de
Tel. (0 91 31) 7 50 75-21

Weiterführende Informationen im Internet

www.solarserver.de: Aktuelle Informationen zur Sonnenenergie
www.sonnenseite.com: Seite von Franz Alt zu Alternativen Energien

Trendbranche Windenergie

Die Zukunft liegt auf dem Meer

Die ersten Windkraftanlagen wurden in Deutschland von engagierten Einzelpersonen und Ökobauern realisiert, bei denen der finanzielle Ertrag nur eine untergeordnete Rolle spielte (siehe Seite 31). Mittlerweile hat sich daraus ein Industriezweig mit 30 000 Arbeitsplätzen entwickelt. Eine Fülle von Beteiligungsgesellschaften, für die die Projektierung von Windparks Alltagsgeschäft geworden ist, bietet inzwischen Windkraft-Beteiligungsfonds an.

Neben den Windkraft-Beteiligungsfonds, die in den letzten Jahren zum Aushängeschild grüner Geldanlagen geworden sind, werden mittlerweile erhebliche Mittel über die Ausgabe von Aktien akquiriert. Unternehmen wie Energiekontor AG, Plambeck Erneuerbare Energien AG und Umweltkontor AG bieten sowohl Beteiligungsfonds für einzelne Windparks als auch Beteiligungen an ihren Firmen selbst an.

Im Jahr 2000 konnten die Windenergie-Aktien erhebliche Zuwächse verzeichnen. Dies war zum einen auf das Erneuerbare Energien Gesetz (EEG) zurückzuführen, das eine gesicherte Vergütung der eingespeisten Windenergie garantiert, zum anderen auf die rasante Steigerung der Ölpreise. Ähnlich wie bei den Solaraktien reagierten die Aktienkurse mit extremen Kursbewegungen nach oben. Die für die Börse mittlerweile typische Überreaktion korrigierte sich dann innerhalb weniger Wochen in Form von kräftig fallenden Kursen.

Das Nadelöhr für die Entwicklung der Windkraft sind die Standorte. Per se kommen nur windstarke Gebiete in Küstennähe und in Höhenlagen infrage. Geräuschentwicklung und optische Landschaftsveränderung sind unvermeidbare Begleiterscheinungen der Windanlagen. Dies schränkt die Auswahl in dicht besiedelten Ländern wie Deutschland weiter ein.

Vision Offshore-Parks

Nachdem zunächst Parks auf dem Festland, in erster Linie in Starkwindbereichen an der Küste, später auch in den Mittelgebirgen entstanden sind, zieht es die Windkraft-Projektierer nun vor allem auf das offene Meer der Nord- und Ostsee. Offshore-Park heißt das neue Zauberwort – weit vor der Küste, teilweise sogar außer Sichtweite soll die nächste Generation von Windkraftanlagen gebaut werden. Die Windkraft-Branche überbietet sich mit Ankündigungen, wer die Nase bei der Entwicklung vorn hat. Erste Offshore-Parks sollen bis zum Jahre 2003 realisiert sein.

Offshore-Parks sind technisch aufwendig, groß und teuer. Die Anlagen müssen härtesten Wetterbedingungen standhalten und sollen möglichst wartungsfrei sein. Wegen des starken Seewindes und der enorm großen Rotordurchmesser könnten sie aber auch deutlich rentabler werden als die Festland-Anlagen. Auch die politischen Rahmenbedingungen sprechen für die Offshore-Parks. Garantiert das Erneuerbare Energien Gesetz (EEG) eine maximale Vergütung von 8,9 Cent zunächst nur für vier Jahre, wurde diese Zeitspanne für Offshore-Parks, die bis 2006 ans Netz gehen, grundsätzlich auf neun Jahre verlängert – ein klarer politischer Anreiz für den Einstieg in die Meeres-Windenergie.

Vorreiter der Offshore-Planungen ist unser nördlicher Nachbar. Der Dänische Aktionsplan „Energie 21" verfolgt das ehrgeizige Ziel, bis 2030 die Hälfte des dänischen Strombedarfs aus Windenergie zu decken. Dabei sollen 4000 Megawatt Leistung in Offshore-Parks installiert sein; dies entspricht vier großen Atomreaktoren. Eine dänische Studie geht davon aus, dass eine Kilowattstunde Windstrom aus einer Offshore-Anlage nur rund fünf Cent kosten wird.

Aktien

Analysten empfehlen in dieser Situation vor allem den Kauf von Hersteller-Aktien wie Vestas und NEG Micon. Ihre Aktien gelten als weniger anfällig für Kursschwankungen, zumal die Firmen auch in den Dienstleistungsbereich expandieren und ihren Kunden komplette Finanzierungs- und Versicherungspakete mit Absicherungen für Flautejahre anbieten.

Größere Kursschwankungen sind bei den Projektierer-Firmen zu erwarten. Unternehmen wie Energiekontor AG, Plambeck Neue Energien AG und Umweltkontor AG werden am Neuen Markt gehandelt. Experten verweisen auf den relativ engen Markt, auf dem es zu Kursschwankungen von 10 Prozent an einem Tag kommen kann. Hier sind die Gewinnchancen groß, aber auch das Risiko starker Kursverluste.

Windkraft-Beteiligungsfonds und Bankangebote

Die klassische Form der Geldanlage in Windkraft ist noch immer die Direktbeteiligung an einem Windkraftfonds. Die Fonds sind in der Regel als Kommanditgesellschaften organisiert, an denen sich die Geldgeber als Kommanditisten beteiligen.

Dass diese Beteiligungsfonds bei den Kunden dennoch hoch im Kurs stehen, zeigt sich daran, dass allein im Jahr 2000 über 500 Millionen Euro privates Kapital in Windkraftfonds geflossen sind. Mit diesen Fonds, die das erforderliche Drittel an Eigenkapital für die Windparks aufbringen, konnten insgesamt Investitionen von 1,5 Milliarden Euro ausgelöst werden.

Bitte machen Sie sich klar: Ein solcher Fondsanteil ist keine Festgeldanlage und Sie sind als Anleger am unternehmerischen Risiko direkt beteiligt (siehe auch Seite 104). Dies hat steuerliche Auswirkungen, die je

Der von der Beteiligungsgesellschaft Bobikiewicz & Partner GmbH konzipierte Windkraftfonds Midlum hat in 70 Windenergieanlagen bei Cuxhaven investiert. Das Investitionsvolumen liegt bei 44 Millionen Euro. Alle Anlagen sind seit Januar 2000 in Betrieb. Der Park soll pro Jahr rund 63 Millionen Kilowattstunden Strom produzieren.

nach persönlicher Situation vorteilhaft sein können. Viele Anleger haben gerade diese Steuervorteile durch Verlustzuweisungen im Auge. Die Rechnung geht aber nicht in jedem Fall auf. Vor allem jüngere Anleger können sich hier kräftig verkalkulieren (siehe Seite 72).

Noch ein Wort zum Risiko: Durch die Stellung als Kommanditist ist die Haftung der Windkraftfonds-Zeichner (ähnlich wie bei Aktionären) auf die Kapitaleinlage begrenzt. Faktisch besteht das Risiko vor allem darin, ob der Windkraftfonds den Ertrag in der prognostizierten Höhe erwirtschaften kann. Hier spielt nicht nur das von Jahr zu Jahr schwankende Windangebot eine Rolle. Es mehren sich die Stimmen, dass bei vielen Fonds die Reparatur- und Wartungsaufwendungen zu niedrig kalkuliert sind. Hintergrund ist die sehr rasche technische Entwicklung bei den Windanlagen, die mit wachsenden Belastungen für Rotoren, Türme und Mechanik verbunden ist. Waren vor kurzem noch 500-Kilowatt-Anlagen Stand der Technik, ist es heute die Ein-Megawatt-Klasse – und die nächste Leistungsverdoppelung ist schon in Vorbereitung.

Wer sein Geld sicherer als Festgeld anlegen möchte, kann auf zwei spezielle Bankanlagen der GLS Gemeinschaftsbank eG und der Alternativen Bank Schweiz zurückgreifen.

Beachten Sie bei Investitionen in Windenergie:

- Investieren Sie nicht mehr als 10 bis 20 Prozent Ihres langfristig verfügbaren Kapitals in diese Branche. Die Bankanlagen sind ausgenommen.
- Streuen Sie Ihr Kapital auf mehrere Aktiengesellschaften bzw. Beteiligungsfonds unterschiedlicher Fondsgesellschaften.
- Warten Sie bei Aktien Kursrückgänge ab.
- Beachten Sie die Checkliste zu Beteiligungsfonds auf Seite 106. Steuerliche Vorteile ergeben sich nur in bestimmten Fällen.

Eine Auswahl von Anlagemöglichkeiten in Windenergie

● Bankanlagen

Alternative Bank Schweiz AG
Förder-Kassaobligationen für Alternative Energien
www.abs.ch
Tel. (00 41-62) 2 06 16-16

GLS Gemeinschaftsbank eG
Termingeld „Regenerative Energien“
www.gls.de
Tel. (02 34) 57 97-0

Aktien

NEG Micon AG
Planung, Herstellung und Vertrieb von Windanlagen
www.neg-micon.de
Tel. (0 48 45) 7 00-0
WKN 897922

Nordex AG
Planung, Herstellung und Vertrieb von Windanlagen
www.nordex.de
Tel. (0 40) 5 00 98-522
WKN 587357

Vestas AG
Planung, Herstellung und Vertrieb von Windanlagen
www.vestas.de
Tel. (0 48 41) 9 71-0
WKN 913769

Beteiligungsfonds und Aktien

ABO Wind AG
Planung und Vertrieb von Windanlagen
www.abo-wind.de
Tel. (06 11) 1 88 54 61

BVT Energie- und Umwelttechnik AG
Windkraftbeteiligungsfonds
www.bvt-umweltag.de
Tel. (0 89) 3 81 65-0
WKN 528890

Energiekontor AG
Planung, Bau und Betrieb von Windparks
www.energiekontor.de
Tel. (04 21) 80 67-66
WKN 531350

Plambeck Neue Energien AG
Planung, Bau und Betrieb von Windparks
www.plambeck.de
Tel. (0 47 21) 7 18-453
WKN 691030

Umweltkontor Renewable Energy AG
Planung, Bau und Betrieb von Windparks
www.umweltkontor.com
Tel. (0 24 31) 94 52-0
WKN 760810

- Beteiligungsfonds

Diverse Anbieter von Windkraftfonds: siehe Abschnitt zu Beteiligungsfonds ab Seite 104

Süd-Nord-Ost-West-Netzwerk e. V.
Windkraftbeteiligungen und Spendenmodell (siehe Seite 61)
www.s-n-o-w.de
Tel. (02 51) 9 87 93 99

Weiterführende Informationen im Internet

www.windmesse.de: Umfangreiches Internet-Portal rund um Windenergie
www.gruene-geldanlagen.de/windkraftfonds

Trendbranche Brennstoffzellen

Das einzige Abfallprodukt ist Wasser

Als Erfinder der Brennstoffzelle gilt der englische Physiker William Robert Grove, der 1839 erstmals eine galvanische Gasbatterie beschrieb, in der die „kalte Verbrennung“ von Wasserstoff mit Sauerstoff elektrischen Strom liefern sollte. Bis zur Umsetzung der Idee sollte aber noch einige Zeit vergehen.

Erst der Griff zu den Sternen brachte eine erste technische Anwendung der Brennstoffzellen: Als die NASA in den Fünfzigerjahren fieberhaft daran arbeitete, den Wettlauf zum Mond zu gewinnen, wurden erstmals Brennstoffzellen zur Stromversorgung von Satelliten eingesetzt.

Der wichtigste Vorzug der Brennstoffzelle wird aber erst in Zukunft zum Tragen kommen. Die Brennstoffzelle ermöglicht die CO_2-freie Erzeugung von elektrischer Energie unter Verwendung des erneuerbaren Energieträgers Wasserstoff. Durch die Verbrennung des Wasserstoffes mit dem Luftsauerstoff entsteht als einziges „Abfallprodukt“: Wasser. Angesichts der Bedrohung des Erdklimas durch den hohen Ausstoß an Kohlendioxid ist dies von unschätzbarem Vorteil.

Genauso umweltfreundlich kann der Brennstoff hergestellt werden: durch die Aufspaltung von Wasser in Wasserstoff und Sauerstoff. Die dafür erforderliche Energie kann die Sonne liefern, zum Beispiel in riesigen solarthermischen Kraftwerken in den Wüstenregionen Afrikas. Wasserstofftanker werden künftig den Brennstoff nach Europa transportieren. Die lange bestehenden Probleme, für den Praxiseinsatz ausreichend dichte Behälter für das leichte Wasserstoffgas zu konstruieren, sind gelöst.

Für die Brennstoffzellen-Hersteller und ihre Zulieferer-Industrie bedeuten die schwindenden Ölreserven und die notwendige Reduzierung des CO_2-Ausstoßes hervorragende Zukunftsperspektiven. Weil auf lange Sicht die Ölreserven immer knapper werden, orientieren sich selbst Weltkonzerne wie Shell um: Bei Shell Hydron soll der Wasserstoffbereich innerhalb von zwei Jahren mit Investitionen in dreistelliger Millionenhöhe zu einem Kerngeschäft ausgebaut werden. Der mögliche Einsatzbereich für Brennstoffzellen reicht vom Taschenrechner bis zur Industrieanlage. So sind auch dezentrale Kleinkraftwerke möglich, die in Entwicklungsländern dafür sorgen könnten, mehr Menschen mit Strom zu versorgen.

Als Zugpferd der Brennstoffzellen-Branche wird immer wieder die Automobilindustrie genannt. DaimlerChrysler, General Motors, Ford und Fiat arbeiten an serienreifen Autos mit Brennstoffzellen-Antrieb.

Die breite Einsetzbarkeit der Brennstoffzelle hat unter dem Gesichtspunkt ethischer Geldanlage aber auch einen Nachteil: Brennstoffzellen werden auch in der Rüstungsindustrie eingesetzt. Das hat beispielsweise den Investmentfonds Ökovision dazu bewogen, die Aktie von Ballard Power aus dem Depot zu nehmen, nachdem sich DaimlerChrysler mit 25 Prozent an dem Unternehmen beteiligt hatte.

Aktien und Aktienzertifikate

Die Aktien der Brennstoffzellen-Hersteller galten lange als Geheimtipps. In diesem Fall bestätigten sich die Vorhersagen. So konnte Ballard Power Systems, Inc. innerhalb eines Jahres eine Kurssteigerung von über 600 Prozent verzeichnen. Die Kurse anderer Anbieter wie der US-Firma FuelCell Energy entwickelten sich ähnlich rasant.

Neben Aktien, vor allem aus USA und Kanada, werden auch zwei Aktienzertifikate angeboten, die verschiedene Aktien von Brennstoffzellen-Unternehmen zu einem Branchenkorb bündeln: die Zertifikate Fuel Cell und Fuel Cell 2 der Bank UBS Warburg (siehe Seite 95).

Beachten Sie beim Kauf von Brennstoffzellen-Aktien:

- Investieren Sie nicht mehr als 10 Prozent Ihres langfristig verfügbaren Kapitals in diese Branche. Streuen Sie Ihr Kapital auf mehrere Werte oder legen Sie es in Aktienzertifikaten an.
- Gehen Sie möglichst von einem sehr langfristigen Engagement aus.
- Das Wechselkursrisiko ist wegen der Dominanz US-amerikanischer und kanadischer Werte kaum zu vermeiden.
- Die Kurse schwanken stark. Warten Sie Kursrückgänge ab.

Eine Auswahl von Anlagemöglichkeiten in Brennstoffzellen-Unternehmen

Aktien

Avista Laboratorires Inc.
Hersteller von Brennstoffzellen
www.avistalabs.com
Tel. (001) 50 94 95-48 17
WKN 856142

Ballard Power Systems, Inc.
Hersteller von Brennstoffzellen
www.ballard.com
Tel. (001-604) 4 54-09 00
WKN 890704

Die amerikanische Firma Ballard Power Systems, Inc. ist Weltmarktführer in der Entwicklung und Herstellung der Polymer-Elektrolyt-Membran-Brennstoffzelle (PEM). Diese soll vor allem in Fahrzeugen und Blockheizkraftwerken eingebaut werden. Zusammen mit DaimlerChrysler hat Ballard Power das mit Brennstoffzellen angetriebene Null-Emissions-Fahrzeug NEBUS entwickelt.

DCH Technology, Inc.
Hersteller von Brennstoffzellen
www.dcht.com
Tel. (001-661) 7 75-8120
WKN 914358

Energy Conversion Devices, Inc.
Hersteller von Wasserstoffspeichern
www.ovonic.com
Tel. (0 30) 53 04 10 30
WKN 858643

FuelCell Energy Inc.
Hersteller von Brennstoffzellen
www.fuelcellenergy.com
Tel. (001-203) 8 25-60 00
WKN 884382

Johnson Matthey plc
Zulieferer von Elektroden
www.johnsonmatthey.com
Tel. (0044-020) 72 69 84 10
WKN 855808

Plug Power Inc.
Hersteller von Brennstoffzellen
www.plugpower.com
Tel. (001-518) 7 82-77 00
WKN 928999

SGL Carbon AG
Zulieferer wichtiger Komponenten
www.sglcarbon.com
Tel. (06 11) 6 02 91 00
WKN 723530

- Aktienzertifikate mit Brennstoffzellen-Aktien

UBS Warburg AG
www.bestzertifikate.de
Tel. (069) 13 69-89 89
Aktienzertifikat Fuel Cell Basket: WKN 935193
Aktienzertifikat Fuel Cell 2 Basket: WKN 936373

Weiterführende Informationen im Internet

www.fuelcells.org: Informationen vor allem aus den USA, mit E-Mail-Newsletter
www.fz-juelich.de: Informationen des deutschen Brennstoffzellenforums e.V.

Trendbranche Ökolandbau

Bringt die Agrarwende den großen Boom?

Schon in der Koalitionsvereinbarung von SPD und den Grünen wurde eine deutliche Förderung des ökologischen Landbaus vereinbart. 20 Prozent des Lebensmittelmarktes soll der Ökolandbau nach dem Willen der Bundesregierung in zehn Jahren ausmachen – eine Verzehnfachung gegenüber dem heutigen Stand. Aber erst durch die BSE-Krise und das Scheitern des Landwirtschaftsministers Karl-Heinz Funcke hat das Projekt „Agrarwende" Schwung bekommen.

In ihrer Regierungserklärung konstatierte die neue Verbraucherschutz-Ministerin Renate Künast im Februar 2001: „Der BSE-Skandal markiert das Ende der Landwirtschaftspolitik alten Typs. Wir stehen vor einem Scherbenhaufen. Wie nie zuvor blicken jetzt endlich alle auf die Missstände und Begleiterscheinungen einer auf Massenproduktion ausgerichteten Agrarpolitik."

Erreicht werden soll die Agrarwende vorrangig durch Absatz- und Vermarktungsförderung. Über 300 Millionen DM konnte Ministerin Künast hierfür in einem ersten Anlauf schon im Juni 2001 zusätzlich lockermachen. Vor allem aber geht es um die Umorientierung der vorhandenen EU-Mittel. Die möglichen Spielräume für eine Ökologisierung der Landwirtschaft sind bisher in Deutschland nur wenig genutzt worden.

Da mittlerweile neben dem traditionellen Naturkosthandel und dem Ab-Hof-Verkauf auch die großen Lebensmittelketten ihre eigenen Biomarken aufbauen, haben sich die Voraussetzungen für eine breite Vermarktung ökologisch angebauter Lebensmittel schon deutlich verbessert. Als vierte Vermarktungsschiene entstehen selbstständige Öko-Supermarktketten wie die Düsseldorfer Oekoland AG, die sich ebenso wie die Naturkosthändler Rapunzel AG und Bergquell Naturhöfe AG über die Ausgabe von Aktien finanzieren. Das Risiko von jungen Unternehmen wie der Ökoland AG ist dabei erheblich. Auch die Rapunzel AG als einer der Pioniere des Naturkosthandels hat schon verschiedene Höhen und Tiefen durchlebt.

Von dem tief greifenden Wandel der Landwirtschaft sind aber nicht nur der Handel, sondern auch die Landwirte, die Futtermittel-Hersteller und die weiterverarbeitende Lebensmittelindustrie betroffen. In all diesen Bereichen wird es einen erheblichen Kapitalbedarf geben, der mindestens teilweise öffentlich durch Auflage von Beteiligungsfonds und durch Gründung von Aktiengesellschaften gedeckt werden wird.

Eine wichtige Rolle wird weiterhin den alternativen Banken zukommen. Denn angesichts der vergleichsweise niedrigen Rendite ist der Ökoanbau für Aktienfinanzierungen weniger interessant. Aus zweckgebundenen Spargeldern haben die grünen Banken dagegen die ökologische Landwirtschaft seit vielen Jahren massiv gefördert. Hervorzuheben ist an dieser Stelle vor allem die GLS Gemeinschaftsbank eG, die gemeinsam mit der Gemeinnützigen Treuhandstelle e.V. (GTS) seit Anfang der 1960er-Jahre den Aufbau vieler Pionierbetriebe ermöglicht hat. Mit insgesamt vier Fonds für ökologischen Landbau, der Vermittlung von Direktkrediten und der neu gegründeten Zukunftsstiftung Landwirtschaft haben GLS-Bank und GTS auch ganz neue Wege zur Finanzierung des ökologischen Landbaus beschritten (siehe auch Seite 63).

Die Rapunzel Naturkost AG gehört zu den größten Herstellern von Naturkost in Europa. 1990 wurde Rapunzel in die erste Naturkost-Aktiengesellschaft in Deutschland umgewandelt. Seit Mitte der 1970er-Jahre besteht das Türkei-Projekt von Rapunzel. Dort bauen mittlerweile 680 Vertragsbauern 20 Produkte wie Feigen, Sultaninen, Haselnüsse und Sesam kontrolliert biologisch an.

Beachten Sie bei Investitionen in den ökologischen Landbau:

- Investieren Sie nicht mehr als 10 bis 20 Prozent Ihres langfristig verfügbaren Kapitals in diese Branche. Streuen Sie Ihr Kapital auf mehrere Werte. Die Bankanlagen sind hiervon ausgenommen.
- Direktbeteiligungen, zum Beispiel an einzelnen Höfen, haben ein hohes Risiko, zugleich aber eine sehr große Wirkung.
- Das Spektrum der Anlageangebote wird sich in der nächsten Zeit vermutlich deutlich erweitern. Lassen Sie sich über neue Angebote informieren (siehe Seite 50).

Eine Auswahl von Anlagemöglichkeiten im Ökolandbau

- Bankanlagen

GLS Gemeinschaftsbank eG
Spareinlagen auf dem „Grünen Konto"
www.gls.de
Tel. (02 34) 57 97-0

- Aktien

Bergquell Naturhöfe AG
Bio-Lebensmittel
www.bergquell.de
Tel. (0 53 37) 92 51-0
WKN 520490

oekoland AG
Ökologischer Landbau und Bio-Discounter
www.oekoland-ag.de
Tel. (02 11) 8 30 74 14
WKN 525720

Rapunzel Naturkost AG
Naturkosthersteller und -händler
www.rapunzel.de
Tel. (0 83 30) 9 10-0
WKN 700220

- **Direktbeteiligungen**

Freie Gemeinschaftsbank BCL
Direktkredite an Ökohöfe
www.gemeinschaftsbank.ch
Tel. (0041-61) 2 69 81 00

Gemeinnützige Treuhandstelle e.V.
Landwirtschaftsfonds, Landwirtschaftsgemeinschaften und Vermittlung von Direktkrediten
www.gls.de
Tel. (02 34) 57 97-0

Kirchhof Agrar KG
Beteiligungsfonds
www.kirchhof-oberellenbach.de
Tel. (0 56 64) 17 98

- **Spenden und Stiftungen**

Gemeinnützige Treuhandstelle e.V.
Saatgutfonds sowie Zukunftsstiftung Landwirtschaft
www.gls.de
Tel. (02 34) 57 97-0

Weiterführende Informationen im Internet

www.agoel.de: Informationen von der Arbeitsgemeinschaft Ökologischer Landbau (AGÖL)

Trendbranche Finanzdienstleister

Wirksamer können Sie Ihr Geld kaum anlegen

Der grüne Banken- und Finanzdienstleistungssektor ist in den letzten Jahren sehr rasch gewachsen. Die meisten Investmentfonds und Lebensversicherungen werden direkt oder über Tochtergesellschaften von großen Bank- und Versicherungsunternehmen angeboten. Die grünen Banken dagegen sind kleine selbstständige Institute, die für ihr Wachstum auf die Beschaffung von Eigenkapital angewiesen sind. Wer sich hier als Anleger finanziell engagiert, kann mit kleinen Beträgen eine erhebliche Wirkung erreichen.

Die GLS Gemeinschaftsbank eG finanziert zurzeit über 1400 ökologische und soziale Projekte in ganz Deutschland (siehe Seite 78). Wie alle Banken muss die GLS-Bank ihr Kreditgeschäft mit einem ausreichenden Eigenkapital von circa 8 Prozent unterlegen. Hierzu bietet sie die Zeichnung von Genossenschaftsanteilen von je 100 Euro an. Diese Anteile werden nicht verzinst, da die GLS-Bank ausdrücklich nicht gewinnorientiert arbeitet. Als Anleger ist es trotzdem interessant, sich zu beteiligen: Als Mitglied der GLS-Bank hat man Informations- und Stimmrecht auf den jährlichen Generalversammlungen. Außerdem ermöglicht jeder Anteil von 100 Euro der Bank, aus den Spareinlagen Kredite von circa 1200 Euro zu vergeben.

Auch die Freie Gemeinschaftsbank in der Schweiz (BCL) ist eine Genossenschaftsbank. Genossenschaftsanteile können ab einer Höhe von circa 200 Euro gezeichnet werden. Jeder Genossenschafter ist, unabhängig von der Höhe seiner Beteiligung, auf der Generalversammlung stimmberechtigt. Die Bank strebt keinen materiellen Gewinn für ihre Mitglieder an und arbeitet kostendeckend. Entstehende Gewinne werden für den Aufbau der Gemeinschaftsbank dem Eigenkapital zugewiesen.

Die Genossenschaft Oikocredit (früher „EDCS“) wurde 1975 vom Ökumenischen Rat der Kirchen gegründet. Heute arbeitet Oikocredit mit Initiativen in 65 Ländern zusammen, von Argentinien bis Zaire über Indien und Rumänien. Oikocredit eröffnet Genossenschaften in armen Gebieten der Welt den Zugang zu Krediten mit einer langen Laufzeit von 5 bis 10 Jahren und mit festen Zinssätzen, die niedriger sind, als die des lokalen Marktes. Wer bei Oikocredit Geld anlegen will, kann als Mitglied eines regionalen Förderkreises Anteile zu je 200 Euro erwerben.

Die Alternative Bank Schweiz versteht ihre Tätigkeit als Alternative zur herrschenden ökonomischen Logik. Solidarische Problemlösungen, die Gleichberechtigung von Frau und Mann, die Befriedigung der menschlichen Grundbedürfnisse und die Erhaltung der natürlichen Umwelt stehen im Zentrum ihrer Arbeit. Eine Beteiligung ist in Form von Aktien möglich, die bei der Bank gezeichnet werden können.

Das Konzept der Umweltbank AG ist, Ökologie und gute Konditionen für Anleger und Kreditnehmer gleichwertig miteinander zu verbinden. Sie bietet Beteiligungen in Form von Aktien an, die seit Juni 2001 auch an der Frankfurter Börse notiert sind.

Die polnische Bank Ochrony Srodowiska (BOS) ist die älteste börsennotierte Bank, die sich schwerpunktmäßig mit der Finanzierung von Umweltschutzprojekten befasst. Ihr größter Anteilseigner ist der Nationalfonds für Umweltschutz und Wasserwirtschaft, der seit Gründung der Bank im Jahre 1991 44 Prozent der Aktien hält. Heute gehört die Bank Ochrony zu den 15 größten Banken in Polen. Die Aktie ist auch im Natur-Aktien-Index (NAI) vertreten.

Die BVT Energie- und Umwelttechnik AG bietet neben Windkraftfonds auch Beteiligungen an Heizkraftwerken, Kläranlagen und öffentlichem Personennahverkehr an (siehe Seite 105). Die Aktien der Fondsgesellschaft werden außerbörslich gehandelt.

Die 1997 gegründete Hermerlin Öko-Beteiligungs AG und die schon 1986 gegründete ethisch-ökologische Beteiligungsgesellschaft Hermerlin Inc. ist als Beteiligungsgesellschaft, Unternehmensberatungsgesellschaft, Emissionsbegleiterin und Wertpapierhandelshaus ausschließlich im ethisch-ökologischen, außerbörslichen Kapitalmarkt tätig (siehe Seite 100).

Die Versiko Finanzdienstleistungen AG ist als unabhängiger Versicherungsmakler tätig (siehe Seite 118). Mit dem Konzept, konventionelle Versicherungen und Kapitalanlagen mit ökologischem Investment zu verbinden, wurde das Unternehmen 1975 gegründet. Seit Dezember 1999 ist die Versiko ein börsennotiertes Unternehmen mit Sitz in Düsseldorf.

Beachten Sie bei Investitionen in grüne Finanzdienstleister:

- Genossenschaftsanteile bei der GLS Gemeinschaftsbank eG oder der Freien Gemeinschaftsbank in der Schweiz sind unverzinst, bieten aber eine hervorragende Möglichkeit, die Kreditvergabe an interessante ökologische und soziale Projekte zu fördern.
- Aktienbeteiligungen an grünen Finanzdienstleistern bieten gute Ertragschancen, sind aber mit Kursrisiken verbunden.

Die Alternative Bank Schweiz (ABS) finanziert die Firma Yacao in der Dominikanischen Republik. Diese unterstützt über 160 Kleinbäuerinnen bei Anbau, Verarbeitung und Export von Bio-Kakaobohnen und ermöglicht den Familien ein faires Einkommen. 530 000 Euro konnte die ABS hierfür aus einem Treuhanddarlehen bereitstellen.

Eine Auswahl von Anlagemöglichkeiten bei Finanzdienstleistern

- Genossenschaftsanteile

GLS Gemeinschaftsbank eG
Beteiligung in Form von Genossenschaftsanteilen
www.gls.de
Tel. (02 34) 57 97-0

Freie Gemeinschaftsbank BCL
Beteiligung in Form von Genossenschaftsanteilen
www.gemeinschaftsbank.ch
Tel. (00 41-61) 2 69 81 00

Oikocredit
Finanzierung von Entwicklungshilfeprojekten
www.oikocredit.org/de
Tel. (02 28) 9 25 97 39

- Aktien

Alternative Bank Schweiz AG
Beteiligung in Form von Aktien
www.abs.ch
Tel. (00 41-62) 2 06 16-16
Schweizer Valoren-Nummer 141724

Umweltbank AG
Beteiligung in Form von Aktien
www.umweltbank.de
Tel. (09 11) 53 08-135
WKN 557080

Bank Ochrony Srodowiska S.A.
www.bosbank.pl
Tel. (00 48 22) 8 50-87-35

BVT Energie- und Umwelttechnik AG
Aktienbeteiligung an Fondsgesellschaft
www.bvt-umweltag.de
Tel. (0 89) 3 81 65-0
WKN 528890

Hermerlin Öko-Beteiligungs AG
Beteiligung an Finanzdienstleistungs- und Wertpapierhandelshaus
www.hermerlin.de
Tel. (0 91 45) 4 96
WKN 604260

Versiko Finanzdienstleistungen AG
Aktienbeteiligung an Finanzdienstleister
www.versiko.de
Tel. (02 11) 97 37-0
WKN 760543

ANHANG

Glossar

Kurzerläuterungen zu den wichtigsten Begriffen dieses Buches

Aktie, Anteilsrecht an einer > Aktiengesellschaft

Aktienfonds, ein Fonds, der in verschiedene > Aktien investiert und so das Risiko des Wertverlustes verringert

Aktiengesellschaft, Rechtsform eines Unternehmens, bei der die Gesellschaftsanteile in > Aktien aufgeteilt sind und gegebenenfalls außerbörslich oder börslich gehandelt werden

Aktienindex, Kennziffer für eine bestimmte Auswahl von > Aktiengesellschaften, die deren Kursverlauf (> Kurs) abbildet und so (begrenzt) Rückschlüsse über die Entwicklung eines Wirtschaftszweiges oder eines nationalen Marktes zulässt

Aktienzertifikat, Schuldverschreibung einer Bank, meist über eine begrenzte Laufzeit auf eine festgelegte Aktienauswahl, zum Beispiel einer bestimmten Branche

Ausgabeaufschlag, Gebühr, die z. B. beim Kauf von Anteilen an > Investmentfonds anfällt

Beteiligungsfonds, Fonds, der Beteiligungskapital für konkrete Unternehmungen (z. B. einen Windpark) bündelt

Bonität, Kennzahl, die bewertet, ob ein Kreditnehmer seinen Verpflichtungen bezüglich Zins und Tilgung voraussichtlich wird nachkommen können

Direktbeteiligung, Beteiligung, bei der der Anleger zum Miteigentümer oder stillen Gesellschafter eines Unternehmens wird

Dividende, Ertrag aus Aktienbesitz (> Aktie), in der Regel ein Teil des Gewinnes der Aktiengesellschaft, der an die Aktionäre ausgeschüttet wird

Eigenkapital, das Kernkapital eines Unternehmens, das für alle Verbindlichkeiten haftet, und zum Beispiel durch > Aktien oder Kommanditanteile aufgebracht wird

Emissionskurs, der Preis, für den eine > Aktie bei ihrer Neuausgabe gekauft werden kann

festverzinsliche Wertpapiere, Wertpapiere, in der Regel mit bestimmter Laufzeit, auf die fest vereinbarte Zinsen gezahlt werden

Indexfonds, Fonds, die nur in > Aktien investieren, die in einem bestimmten > Aktienindex zusammengefasst sind

Indexzertifikat, ein Zertifikat, das für eine meist begrenzte Gesamtlaufzeit Anlegern die Möglichkeit bietet, an der Kursentwicklung eines > Aktienindex zu partizipieren

Investmentfonds, ein Fonds, der > Aktien und/oder festverzinsliche > Wertpapiere zusammenfasst

Kapital-Lebensversicherung, Kombination aus Vermögensbildung und > Risiko-Lebensversicherung

Kurs, zeichnet die Wertentwicklung von > Aktien, > Investmentfonds oder > Aktienzertifikaten nach

Marktkapitalisierung, Börsenwert eines Unternehmens, errechnet als Produkt von > Kurs und Anzahl der > Aktien

Mischfonds, > Investmentfonds, der sowohl in > Aktien, als auch in festverzinsliche > Wertpapiere investiert

Nachhaltigkeitsfonds, > Investmentfonds, der nur in Werte von Unternehmen investiert, die sich dem Konzept des nachhaltigen Wirtschaftens verpflichtet haben

Neuemission, erstmalige Ausgabe von > Aktien zum > Emissionskurs

Portfolio, Struktur der Vermögensanlagen einer Privatperson oder einer Institution

Rating, Bewertung von Unternehmen nach festgelegten Kriterien, zum Beispiel unter dem Gesichtspunkt der > Bonität oder der Nachhaltigkeit

Rendite, der Ertrag einer Geldanlage, berechnet in der Regel in Prozent pro Jahr

Rentenfonds, ein > Investmentfonds, der festverzinsliche > Wertpapiere zusammenfasst

Risiko-Lebensversicherung, Lebensversicherung, die nur im Todesfall zahlt, zum Beispiel zur Absicherung der Familie

Sparerfreibetrag, jährlicher Betrag, bis zu dem Zinserträge aus Sparkonten, festverzinslichen > Wertpapieren, > Dividenden etc. nicht versteuert werden müssen

Spekulationsgewinn, steuerrechtlicher Begriff für Gewinne aus Aktientransaktionen, die innerhalb eines Jahres realisiert werden

Wertpapierkennnummer (WKN), Kennziffer zur eindeutigen Identifizierung von > Aktien oder > Investmentfonds

Sachregister

Firmenregister